# 貓狗營養學

作者 **奈良渚**
寵物營養諮詢師

晨星出版

　　「我只是在想吃的時候吃我愛吃的食物而已，這樣應該沒什麼不好吧？飲食真的有那麼重要嗎？」有這種想法的人，出乎意料地多。然而不論是誰，就像「覺得好累所以想吃甜食」、「覺得胃不舒服噁心所以不想喝咖啡想喝日本茶」、「春天要吃鰹魚，夏天要吃鰻魚，秋天要吃秋刀魚，冬天則是要吃牡蠣火鍋」這些感覺一樣，都會下意識地選擇含有能夠調整身體狀況之營養素的食物，在沒有察覺的情況下進行飲食管理。

　　能夠自己選擇食物的野生動物，也知道哪些食物能夠調整自己的身體狀況，但是像犬貓這種被人類飼養的寵物，就只能將選擇權交給飼主了。飼主們希望自己的寵物「健康又長壽」而餵予寵物各種不同的食物，然而在現實中，卻經常發生因為選擇的食物或是餵食方法錯誤，不但無法改善狗狗或貓咪的身體健康狀況，甚至反而讓健康惡化的情形。

　　為什麼會發生這樣的事呢？原因正是因為缺乏能夠正確選擇所需要的「知識」。

　　所謂的營養到底是什麼？狗狗或貓咪與人類有什麼不同？還有寵物食品又是什麼樣的食物？該怎麼選擇比較好？寵物生病時應該怎麼準備牠們的飲食？在本書中，筆者彙整了為狗狗與貓咪進行健康管理時所需要知道的基本知識，希望能夠方便大家學習。衷心感謝從執筆開始就不斷提供建議給筆者的綠書房川田央惠女士，以及所有協助製作本書的人們。

　　對於正在從事動物相關工作（或準備要從事此類工作）的人，筆者很希望大家能將這本書做為對營養學產生興趣的第一步，並在了解它的重要性之後邁向下一個階段。接著，如果能將自身所得到的經驗或最新的資訊追加在本書裡，製作成專屬於自己的書籍的話，那就是筆者最大的喜悅了。

寵物營養諮詢師

奈良　渚

目錄 CONTENTS

CONTENTS

第2章　**寵物食品** —— 49

# 臨床營養學 —— 89

CONTENTS

第1章

# 基礎營養學

不論是對人類還是對動物來說，很多研究都已經證明，飲食生活是健康管理中很重要的一環。但是，如果不知道哪裡重要的話，大家可能很難對現實生活中的飲食真的產生什麼興趣吧！

在這一章裡，大家可以認識關於食物的基本知識以及其重要性，同時還可以學習到人類、狗狗與貓咪在食性上的差異處。

▶ **本 章 的 學 習 重 點** ◀

...........................................................

☐ 為什麼需要「進食」

☐ 營養素與能量

☐ 狗狗與貓咪的能量需求量

☐ 六大營養素的功能與特性

☐ 消化與吸收

☐ 狗狗與貓咪的味覺

☐ 人類食物中可以給狗狗、貓咪吃的
　　食物與不可以給牠們吃的食物

# 為什麼需要「進食」

## 有進食才能生存

所謂「進食」，是一種維持生存的基本生活方式，也就是「將必要的物質吃進去，將非必要的物質排出來」。「What you eat is what you are（你吃的食物反映出你是什麼樣的人，人如其食）」，這是營養學裡最先學到的一句話，意思是指一個人吃下多少什麼樣的食物、以什麼樣的方式進食，不只會影響到肉體的健康，也會左右心理健康，甚至進一步地給行為及性格帶來影響。

這一點同樣適用於寵物，只是這時候的責任就在人類（飼主）身上了，也就是「Your pet is what you feed（你餵給寵物吃的食物決定了牠是什麼樣的寵物）」。進食是每天都要重複進行，然後持續一輩子的事。身為飼養者的人類，給寵物什麼食物、給多少量、怎麼給，可說是決定了寵物的一生。

## 必要物質與非必要物質

維持生命基本所需的必要物質為「營養素與能量」，不必要的物質為「代謝產物與有害物質」。

從飲食攝取到的營養素，經過消化、吸收及代謝的過程後，會被利用為能量來源，或是成為構成或調整身體的成分。同時在這個過程中產生的代謝產物或有害物質，則主要在尿液或糞便中排泄，以維持體內的恆定性。

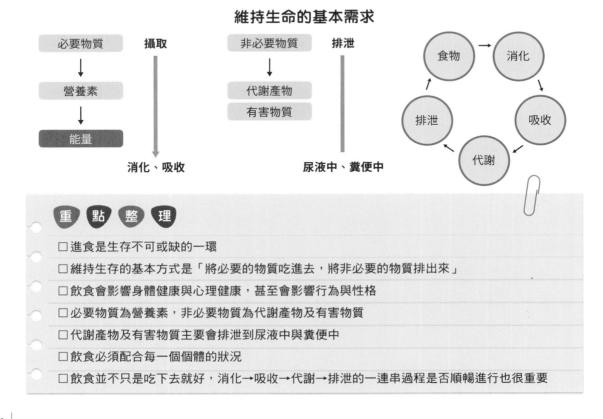

### 維持生命的基本需求

| 必要物質 | 攝取 |
| --- | --- |
| ↓ | |
| 營養素 | |
| ↓ | |
| 能量 | |

消化、吸收

| 非必要物質 | 排泄 |
| --- | --- |
| ↓ | |
| 代謝產物 | |
| 有害物質 | |

尿液中、糞便中

食物 → 消化 → 吸收 → 代謝 → 排泄 → 食物

### 重點整理

- □ 進食是生存不可或缺的一環
- □ 維持生存的基本方式是「將必要的物質吃進去，將非必要的物質排出來」
- □ 飲食會影響身體健康與心理健康，甚至會影響行為與性格
- □ 必要物質為營養素，非必要物質為代謝產物及有害物質
- □ 代謝產物及有害物質主要會排泄到尿液中與糞便中
- □ 飲食必須配合每一個個體的狀況
- □ 飲食並不只是吃下去就好，消化→吸收→代謝→排泄的一連串過程是否順暢進行也很重要

# 營養素與能量

## 所謂的營養素是什麼

食物中所含的六種營養素（碳水化合物、蛋白質、脂質、維生素、礦物質、水）被稱之為「六大營養素」。在這些營養素中，由於能量是由碳水化合物、蛋白質、脂質所供應的，所以這三者被稱為「三大營養素（巨量營養素）」。營養素被攝取到體內之後會經過氧化分解，轉換成為能量。在一般食品中，每1公克的蛋白質能供應給身體4大卡（kcal）的能量，每1公克的碳水化合物也是供應4大卡，每1公克的脂質則是供應9大卡。大卡是能量的表示單位，也可稱作「千卡」或「卡路里」。每一種營養素都有其特有的功能與特性，人類或動物則是會利用這些特性來選擇食物。飲食中所含的營養是否均衡或能量需求量的多寡，會根據年齡、所處環境、活動量或健康狀態等條件的不同而有所差異。

## 能量的代謝

食物中所含有的能量總和稱為「總能量

### 六大營養素的主要功能

| | | 營養素 | 一般食品（kcal/g） | 主要功能 |
|---|---|---|---|---|
| 六大營養素 | 三大營養素 | 碳水化合物 | 4 | 能量來源／腸道健康 |
| | | 蛋白質 | 4 | 能量來源／建造身體組織 |
| | | 脂質 | 9 | 能量來源／維持生理機能 |
| | | 維生素 | — | 調節生理機能／輔酵素 |
| | | 礦物質 | — | 調節生理機能／身體構成成分、活化酵素 |
| | | 水 | — | 維持生命 |

### 總能量與代謝能量

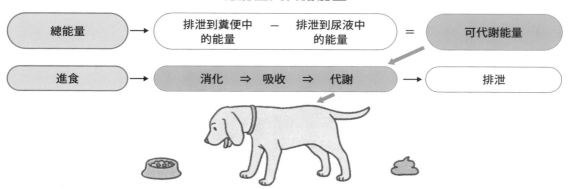

（GE：Gross Energy）」。就像有攝食就有排泄一樣，食物進到體內後並不能被完全利用。因此要扣除掉排到糞便及尿液中的能量後，才是實際上身體能利用到的能量，稱之為「（可）代謝能量（ME：Metabolizable Energy）」。這是一個評估是否能從飲食攝取到適合個體的能量之重要指標，在寵物食品的標籤上會以「ME＝○○kcal／100g」表示。

## 能量均衡

想要知道身體所攝取的能量是否均衡有一個很簡單的衡量標準，那就是體重。從飲食所攝取到的能量與代謝或身體活動所消耗的能量相等時，就會維持在一定的體重。一般情況下如果攝取能量增加的話體重就會增加，減少的話體重則會減少。但如果明明攝取的能量增加了體重卻減少，或是攝取的能量減少了體重卻增加，像這種不符合一般能量均衡標準的情形，有可能是背後隱藏著健康上的問題。尤其是出現短時間內目前的體重突然減少10％以上的情形時風險會更高，所以在評估健康狀態時一定也要將飲食內容一併納入考量。

實際上因為從飼料或零食攝取到過多熱量或運動不足的關係，寵物過度攝取能量的情況要比能量不足更來得常見許多，而這就是肥胖等健康問題的主要原因。

## Body Condition Score （BCS）體態評分

要評估攝取能量與消耗能量之間是否維持適當的平衡，經常會使用「體態評分（Body Condition Score；BCS）」來作為標準。一般會把體態分為五個等級，三最為理想，評分的數字愈小表示體重愈不足，數字愈大則表示體重過重。

若是標準的體重，從上方俯視可看到腰部會

### 影響能量均衡的因子

| 能量需求量增加 | 能量需求量減少 |
| --- | --- |
| 活動量高、肌肉量多 | 活動量低 |
| 氣溫低 | 氣溫高 |
| 發育期 | 高齡期 |
| 懷孕、泌乳、發育 | 結紮後 |
| 緊迫壓力、組織修復、疾病恢復期等因素 | 甲狀腺功能低下等因素 |

## 關於食物的總能量

飲食中所含的總能量在知道其中蛋白質、脂肪及碳水化合物之含量（g）的情況下，可利用下列公式計算。

**一般食品之總能量（kcal）＝碳水化合物〇g×4 kcal ＋蛋白質△g×4 kcal ＋脂肪 ×9 kcal**

（例：一般食品）甜甜圈1個（50公克）中

| 營養素 | | 能量 |
|---|---|---|
| 碳水化合物 | 21.9g | 21.9g×4kcal ＝ 87.6kcal |
| 蛋白質 | 3.6g | 3.6g×4kcal ＝ 14.4kcal |
| 脂肪 | 10.2g | 10.2g×9kcal ＝ 91.8kcal |
| 合　計 | | 193.8kcal |

如沙漏一般有腰身，從側面看腹部的線條會朝尾巴方向升高，撫摸肋骨處可摸到肋骨的形狀，但從外觀看來則是看不見明顯的痕跡，有一層薄薄的皮下脂肪之狀態。即使是同樣的犬種或貓種，骨架大小與肌肉量也會有所不同，所以不能僅用外觀來判斷，需要靠實際觸摸來確認並配合個體的狀況評估其理想的體重。

## 體態評分（Body Condition Score；BCS）

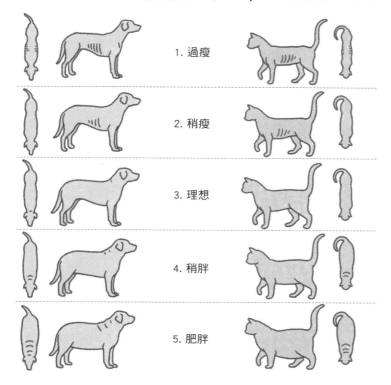

檢查重點

☐ 腰身的曲線
（從上方俯視）

☐ 腹部的線條
（從側面觀看）

☐ 肋骨處的皮下脂肪

□ 食物是由碳水化合物、蛋白質、脂質、維生素、礦物質、水這六種營養素所構成的,稱之為六大營養素

□ 碳水化合物、蛋白質、脂質能轉換為能量,維生素、礦物質、水則無法供應能量

□ 碳水化合物、蛋白質、脂質被稱為三大營養素,每公克分別能供應4大卡、4大卡及9大卡的能量

□ 碳水化合物的主要功能為供應能量及維持腸道健康

□ 蛋白值的主要功能為能量來源及建造身體組織

□ 脂質的主要功能為能量來源及維持生理機能

□ 維生素的主要功能為調節生理機能及輔酵素

□ 礦物質的主要功能為調節生理機能、身體的構成成份及活化酵素

□ 食品中所含的能量總和稱為「總能量(GE)」

□ 減去排泄到尿液中與糞便中的能量,實際能被身體所利用的能量稱為「代謝能量(ME)」

□ 能量均衡指的是攝取能量與消耗能量間的平衡

□ 攝取能量大於消耗能量時,體重會增加

□ 攝取能量小於消耗能量時,體重會減少

□ 攝取能量等於消耗能量時,體重可維持不變

□ 評估攝取能量及消耗能量之間是否維持適當的平衡時,所使用的標準為「體態評分(Body Condition Score;BCS)」

□ BCS不能只靠肉眼判斷,還要實際撫摸及考量骨架大小與肌肉量

# 犬貓的能量需求量

## ↘ 一天所需要的能量

狗狗、貓咪的每日能量需求量(DER:Daily Energy Requirement)可透過計算的方式算出來。當動物在適溫的環境下正常生活,只有進食、排泄和睡眠而幾乎沒有什麼活動量的狀態時,所需要的能量稱為靜止能量需求量(RER:Resting Energy Requirement)。如果住院中的動物是住在籠子內的話,因為幾乎沒有活動,所以在這種籠內靜養的狀態下,DER會等於RER。

而在一般的日常生活中,由於每隻動物的活動量與生活環境不同,所以DER也會有所差異。也因此為了計算出不同條件下的能量需求量,必須乘上一個數字(係數),將RER乘以不同的係數後,就能調整DER的個體差異。接著以算出來的DER為基準,配合動物實際的體重與健康狀態進行調整,決定各動物適合的DER。

> 每日能量需求量（DER kcal／日）
> ＝靜止能量需求量（RER kcal）×係數

## ↘ RER的計算方法

　　RER的計算方法有兩種，一種是以體重為基礎進行計算（①），另一種則是以體表面積為基礎進行計算（②）。①之計算方法雖可計算出體重2～45公斤的標準值，但若想計算得更為正確仍應採用②之計算方法。

**① 以體重為基礎的計算方法**

　　30×體重公斤數＋70

**② 以體表面積為基礎的計算方法**

　　70（體重公斤數）$^{0.75}$

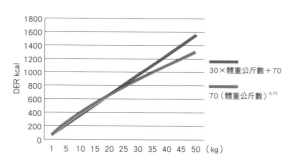

　　70（體重公斤數）$^{0.75}$可利用有開根號√功能的計算機以下列方式計算出來。

> 體重公斤數×體重公斤數×體重公斤數＝√√×70＝

## ↘ 能量需求係數

　　對應的係數為參考值。許多動物營養管理書籍中，首先會將未結紮狗狗的係數設定為1.8，貓咪則設定為1.4，但對於現在被飼養的狗狗和貓咪來說，可能有點太多了，因此在本書中，健康且運動量為中等程度的未結紮成犬，係數是從1.6開始，貓咪則是從1.2開始。係數每增減0.2，攝取能量就會有10～15%的改變。

### 對應係數的標準

| | 狗狗 | 貓咪 |
|---|---|---|
| 未結紮 | 1.6 | 1.2 |
| 已結紮 | 1.4 | 1.0～1.1 |
| 有肥胖傾向 | 1.2 | 1.0 |
| 減重期 | 1.0 | 0.8 |
| 活動量少 | 1.0 | 0.8 |
| 發育期 | 3.0～1.6 | 3.0～1.6 |
| 高齡 | 1.1～1.4 | 0.8～1.1 |

> 範例
>
> 體重5公斤、健康且運動量中等的已結紮公犬，其DER為？
>
> 70（5kg）$^{0.75}$×1.4＝327.6 kcal

## ↘ 貓咪DER的簡易計算法

　　成貓之間的體格差異沒有像狗狗那麼大，所以能夠用以下的計算方法算出DER。

> 活動量 低　　50kcal／日
> 普通　60kcal／日 × 體重公斤數
> 高　　70kcal／日

> 範例
>
> 體重4公斤、飼養在室內、運動量適中的成貓
>
> 60kcal／日×4kg＝240kcal／日

## ↘ 餵食量的計算方法

　　寵物食品一天的餵食量，必須滿足寵物的每日能量需求量（DER），為了達到這個目的，可利用寵物食品各自的代謝能量（ME）來計算出餵食量。

> 餵食量（g）
> ＝DER÷ME（kcal／100g）×100

| DER（kcal） | ME（kcal/100g） | 算式與餵食量 | |
|---|---|---|---|
| 400 | 360 | 400÷360×100≒111 | 111g/日 |
| 400 | 420 | 400÷420×100≒95 | 95g/日 |

## 維持能量需求量（MER）與每日能量需求量（DER）

column

　　所謂的維持能量需求量（MER：Maintenance Energy Requirement），是指為了維持目前體重而需要的能量需求量。不過這個數值並沒有將動物的活動量、懷孕泌乳、發育、環境、健康狀態等各種不同的條件考量在內，因此才有了將個體條件納入考量而定下的係數，將其乘以RER後，計算出動物的每日需求量（DER）。

　　也就是說，在為寵物進行體重管理而決定餵食量的時候，比起維持能量需求量（MER），以符合每隻動物個體狀況的每日能量需求量（DER）來計算會更為理想。

## 別忘了零食的熱量

column

　　除了零食之外，會在寵物飼料中混入其他食物的飼主出乎意料地多。這裡要特別注意的就是，這些食物的能量也是每日能量需求量（DER）的一部分。一般來說，零食或其他食物最好控制在DER的10%以內，90%的能量則應該由主食提供，才能達到營養均衡的目的。

```
○    ├─────────── DER ───────────┤
     ┌───────────────────────────┬───┐
     │                           │   │
     └───────────────────────────┴───┘
                          零食、混合物  10%

×    ┌───────────────────────────┬───┐
     │        主食   100%         │   │
     └───────────────────────────┴───┘
```

## 重 點 整 理

☐ 狗狗和貓咪的每日能量需求量可利用「靜止能量需求量×係數」求得

☐ 每日能量需求量稱為DER

☐ 靜止能量需求量稱為RER

☐ 係數會根據動物的活動量、生活環境、是否結紮及健康狀態等因素而有所差異

☐ 未結紮的健康成犬在運動量中等的情況下，係數從1.6開始，同樣條件的貓咪則是從1.2開始

☐ 在懷孕期、泌乳期、發育期或疾病恢復期等期間，動物需要比維持能量需求量更多的能量

☐ DER只是推估值，還必須根據動物的體重與健康狀態調整出適合個體狀況的DER

☐ 餵食量可利用「DER÷ME（kcal／100g）×100」的算式計算出來

# { 六大營養素 }

## ↘ 水

　　水是最重要的營養素，佔全身體重的60％，佔除脂體重的約70％。此外，水在體內的功能除了運送營養素及代謝產物、控制體溫之外，同時還是消化或化學反應的溶劑，血液、淋巴液及細胞中的主要成分，肩負多種任務，所以動物在脫水10％左右的情況下甚至有可能死亡。也因此每天所需要的水量一定要將損失的部分補充回來。

　　水分排出到體外的管道幾乎都是透過尿液，除非大腸的水分再吸收功能異常，不然透過糞便排出的水分並不多。其他則是會經由皮膚或呼吸的無感水分流失（insensible water loss）而損失水分。由於犬貓無法像人類一樣利用全身發汗的方式調節體溫，所以在氣溫高或溼度高的季節裡，透過喘氣的水分損失量還會更為增加。

　　狗狗和貓咪的水分來源，包括飲食中所含的水分、代謝水（營養素在體內轉換成能量時生成的水）與飲水。不過代謝水只佔了水分總攝取量的5～10％，因此實質上從飲食及飲水所攝取到的水量還是比較重要。由於狗狗或貓咪只要在確保自己已攝取到所需水量的70％左右之後就不會覺得口渴，因此可能不會自發性地飲水。不過因為自發性的水分攝取量會受到飲食中的含水量、糖分或鹽分的濃度、氣溫、溼度、壓力、健康狀態等因素所左右，所以飼主最好能事先了解寵物的飲水量以及牠們實際上的水分需求量，這樣才能做好寵物的健康與病情管理。

　　一般來說，寵物每天的水分需求量可將DER的單位「大卡」改成「毫升」來做為標準。除了設置好喝水處讓寵物隨時都可以喝到乾淨的水之外，若有飲水不足的狀況時，也要想辦法利用在食物裡加水等方式來補充牠們的飲水量。

## ↘ 水分攝取量的標準

範例

DER ＝ 400 大卡

① 主食為乾飼料的時候：約400毫升

② 主食為罐頭的時候：約80毫升（因為罐頭中含有約80％的水分）

| 水分需求量增加的主要因素 | 水分需求量減少的主要因素 |
|---|---|
| 攝取能量增加<br>活動量增加<br>下痢、嘔吐、失血<br>氣溫、溼度上升<br>泌乳期的母犬、母貓<br>壓力 | 攝取能量減少<br>活動量下降<br>氣溫下降<br>高齡<br>難以感覺喉嚨乾渴<br>身心機能衰退 |

## ↘ 貓咪的水分攝取

　　貓咪體內的水分再利用效率很高，所以自發性的飲水量很少，算是貓咪的一項特徵。也因此牠們的尿液很容易濃縮，如果再因為冬天天氣寒冷使水分攝取量減少的話，罹患泌尿道結石的風險就會增加。所以飼主要多用點辦法，例如利用罐頭食物等方式，儘量讓貓咪多喝一點水。

〔讓貓咪多喝水的方法〕

　　由於貓咪是一種狩獵動物，對於移動的物體特別有反應，且因為捕獲獵物後會馬上吃下去所以對食物的溫度及風味比較敏感，因此可利用①的方法在日常生活中吸引牠們喝水，或用②、③的方式想辦法讓貓咪多喝一些水。

　　①流動…噴泉式飲水器或流動式的水碗

　　②溫度…製作微溫的水

　　③風味…加入罐頭的湯汁或煮肉的湯汁

〔水量增加時的注意重點〕

　　健康動物的正常尿液顏色為淺黃色，若水量增加後尿液顏色變成透明的，可能是因為餵給的水量太多。這時可減少餵水量，或逐漸分成少量多次，並隨時注意牠們尿液的顏色。

## ↘ 碳水化合物
### ～能量來源＋維持腸道健康

　　食物中的碳水化合物在小麥或米等穀類、蕃薯或馬鈴薯等薯類、蔬菜類及水果內都有豐富的含量。碳水化合物由「醣類」與「膳食纖維」構成，醣類是能量的來源，膳食纖維則對腸道的健康有益。

　　碳水化合物由碳（C）、氫（H）、氧（O）組合而成，根據基本分子單醣（葡萄糖、半乳糖、果糖）的結合數，又分為單醣類、寡醣類及多醣類。單醣類中的葡萄糖是細胞的能量來源，同時在血糖的控制上負責很重要的任務。

　　從食物攝取到的碳水化合物進入體內後，會經由消化酵素澱粉酶分解成單醣，並在小腸被吸收後在肝臟產生細胞可利用的能量。

　　多醣類中，包括人類、狗狗和貓咪可消化的澱粉、肝醣，以及無法消化的膳食纖維。澱粉是貯存在植物中的能量，肝醣是貯存在動物體內的能量。葡萄糖在肝臟和肌肉內以肝醣的形式貯存，必要時再分解成葡萄糖使用，多餘的葡萄糖

### 葡萄糖的分子結構

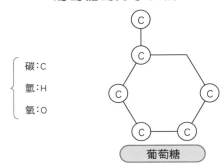

碳：C
氫：H
氧：O

葡萄糖

### 碳水化合物的分類與分子結構

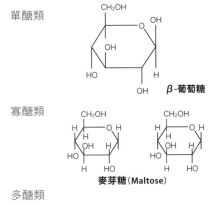

單醣類

β-葡萄糖

寡醣類

麥芽糖（Maltose）

多醣類

直鏈澱粉（amylose）

支鏈澱粉（amylopectin）

則會再進一步貯存在脂肪組織內。由於腦部、神經系統及紅血球只能使用葡萄糖作為能量來源，因此由醣類供給的能量十分重要。

膳食纖維分為水溶性膳食纖維與不溶性膳食纖維，由於不能被人類或犬貓的消化酵素所消化，所以最後會送到大腸，在腸道發揮作用。水溶性膳食纖維吸收水分後會形成凝膠狀，能讓動物有飽足感並有益於控制血糖。此外容易發酵的特性能產生短鏈脂肪酸（醋酸、丙酸及丁酸），對於調整腸道內環境及腸道黏膜細胞的再生極為重要。而不溶性膳食纖維則可以刺激消化器官的蠕動運動，所以能促進糞便形成及排便，有助於將有害物質排出體外。

這兩種膳食纖維都是飲食中缺一不可的物質，寵物食品中也都有配合其餵食目的加入不同來源的膳食纖維。一般來說，由於發酵程度中等的膳食纖維對腸道健康來說是很重要的成分，所以飼料中通常會加入甜菜渣（beet pulp），而若是要增加寵物的排便量，則大多會在飼料中添加不溶性膳食纖維中的纖維素（cellulose）。

## 碳水化合物的分類

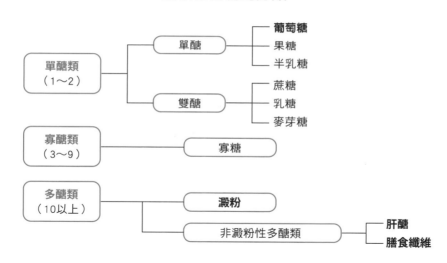

## 碳水化合物的體內代謝

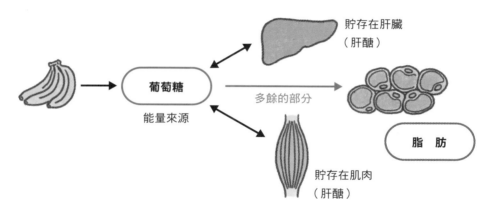

## 膳食纖維的種類與作用

| 分類 | 主要來源 | 主要的作用 |
|---|---|---|
| 水溶性膳食纖維 | 成熟的水果、海藻類等 | ・吸收水分後形成凝膠狀，能緩慢通過腸道（造成飽足感、有益於控制血糖）<br>・吸附膽汁酸及膽固醇排到糞便中<br>・發酵性有助於腸道內環境的正常化 |
| 不溶性膳食纖維 | 胡蘿蔔、牛蒡、羊栖菜、菇類、芝麻等 | ・形成糞便<br>・刺激腸道蠕動促進排便<br>・將有害物質排到糞便中 |

## 膳食纖維的發酵性

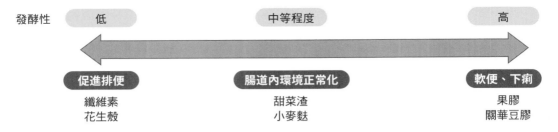

| 發酵性 | 低 | 中等程度 | 高 |
|---|---|---|---|
| | 促進排便 | 腸道內環境正常化 | 軟便、下痢 |
| | 纖維素<br>花生殼 | 甜菜渣<br>小麥麩 | 果膠<br>關華豆膠 |

## 碳水化合物、膳食纖維的過量與不足

| 醣類過量 | 肥胖、糖尿病、肝臟疾病等 |
|---|---|
| 醣類不足 | 低血糖、組織流失等 |
| 膳食纖維過量 | 軟便、下痢、營養吸收不良、脹氣等 |
| 膳食纖維不足 | 便祕、大腸功能障礙等 |

## 碳水化合物來源食品中所含的膳食纖維

*column*

　　在碳水化合物來源食品中，通常會同時含有水溶性膳食纖維與不溶性膳食纖維。不過每一種食品所含的比例各有不同，對身體的影響也不一樣。例如在同等分量的牛蒡中就比菠菜含有更多的不溶性膳食纖維，所以促進排便的效果就是牛蒡比較好。另外，含有豐富水溶性膳食纖維的食物如果含糖量也很高的話，纖維就會比較容易在腸道內發酵，例如蕃薯比白飯更容易產生氣體就是這個原因。

　　如果飼主在無意之中餵給狗狗或貓咪纖維含量過多的食物，有時也會危害到牠們的健康，所以要特別注意。

### 膳食纖維之含量（每100公克）

| | 總纖維量（公克） | 水溶性膳食纖維（公克） | 不溶性膳食纖維（公克） | 碳水化合物（公克） |
|---|---|---|---|---|
| 菠菜（葉、生） | 2.8 | 0.7 | 2.1 | 3.1 |
| 牛蒡（根、生） | 5.7 | 2.3 | 3.4 | 15.4 |
| 飯（白米） | 0.3 | 0 | 0.3 | 37.1 |
| 蕃薯（根、生） | 2.3 | 0.5 | 1.8 | 31.5 |

## 蛋白質
### ～建造身體組織＋能量來源

食物中的蛋白質，主要分成魚、肉、蛋、乳製品所含的「動物性蛋白質」，與穀類、豆類（尤其是大豆）等植物所含的「植物性蛋白質」，每1公克的蛋白質可提供4大卡的能量。蛋白質是由碳（C）、氫（H）、氧（O）與氮（N）所構成之胺基酸的集合體，這種胺基酸結合所形成的鍵結稱之為胜肽鍵（peptide bond）。從飲食所攝取到的蛋白質，在經由消化酵素蛋白酶分解成胺基酸後，從門脈送往肝臟成為身體蛋白質（肌肉、各組織、血液、酵素、賀爾蒙、免疫抗體等）的成分。由於蛋白質是生命系統中擁有最多種功能的營養素，所以比起做為能量來源，充分將其利用為構成身體成分的功能更為重要。

胺基酸有20種，分為必需胺基酸及非必需胺基酸。必需胺基酸由於無法在體內合成或合成量不足，所以一定要從食物中攝取，這一類的胺基酸人類有9種，狗狗多加一種精胺酸為10種，貓咪則是多加了精胺酸與牛磺酸共11種。非必需胺基酸則可以由必需胺基酸在體內合成。

蛋白質所含的氮是形成身體蛋白質的重要成分，但另一方面在消化過程中卻也會產生有毒物質——氨（Ammonia），因此在肝臟中有一種名為尿素循環（鳥胺酸循環；Ornithine cycle）的解毒系統，能將氨轉換成尿素透過尿液排泄到體外。而尿素循環要能夠正常運作就必須要有精胺酸，但精胺酸在狗狗和貓咪體內的合成量不足，尤其是貓咪，如果沒有從飲食中攝取到足量精胺酸的話，有時甚至會導致高血氨症而死亡。

動物的食性愈偏向肉食性其對蛋白質的需求量就愈高，所以貓咪比狗狗有更高的蛋白質需求量。此外，在不同的生命階段、生活型態、健康狀態及服藥與否等條件下對蛋白質的需求量也會有所不同，所以在飲食管理上要隨時注意應給予的餵食量，才是寵物健康管理的祕訣。

### 胺基酸的分子結構

碳:C　氧:O　氫:H　氮:N

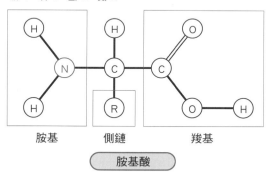

胺基　　　側鏈　　　羧基

胺基酸

### 蛋白質的結構

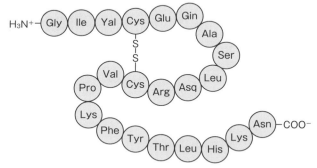

### 人類、狗狗、貓咪的必需胺基酸

| 人類 | 纈胺酸（Valine）、白胺酸（Leucine）、異白胺酸（Isoleucine）、蘇胺酸（Threonine）、甲硫胺酸（Methionine）、苯丙胺酸（Phenylalanine）、色胺酸（Tryptophan）、離胺酸（Lysine）、組胺酸（Histidine） | |
| --- | --- | --- |
| 狗狗 | | 上述9種＋精胺酸（Arginine） |
| 貓咪 | | 上述9種＋精胺酸（Arginine）＋牛磺酸（Taurine） |

## 精胺酸的重要性

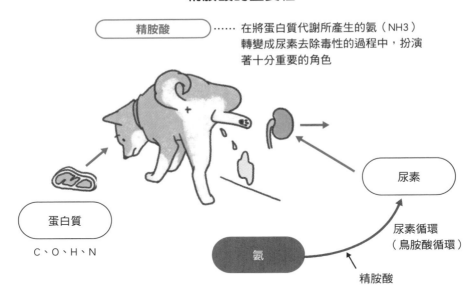

精胺酸 ……在將蛋白質代謝所產生的氨（NH3）轉變成尿素去除毒性的過程中，扮演著十分重要的角色

蛋白質
C、O、H、N

尿素

氨

尿素循環
（鳥胺酸循環）

精胺酸

### ↘ 牛磺酸

幾乎所有哺乳類都能從必需胺基酸中的甲硫胺酸與非必需胺基酸中的半胱胺酸（Cysteine）在體內合成牛磺酸。但因為貓咪體內的牛磺酸合成量非常微量，所以假如沒有從飲食中攝取到足量牛磺酸的話，可能會導致心肌或視網膜的疾病，同時也可能對繁殖及胎兒發育造成不良的影響。牛磺酸只存在於肉、蛋、魚等動物性蛋白質內，穀類或蔬菜並不含牛磺酸。

## 蛋白質的過量與不足

| 過量 | 肥胖、腎臟疾病、肝臟疾病等 |
| --- | --- |
| 不足 | 發育不良、食慾不振、貧血、毛質劣化、體重減輕等 |

---

## 蛋白質的「營養價值」

*column*

針對擁有多種攸關生命系統重要功能的蛋白質，評估其營養價值的方法有「胺基酸評分」或「生物價」等幾種。胺基酸評分是對必需胺基酸的組成是否均衡進行評分，生物價則是對氮的體內利用率進行評分，兩者的滿分都是一百。

一般來說，植物性蛋白質中只含有第一限制胺基酸這種低於基準值的胺基酸，或是含有膳食纖維時，會讓胺基酸評分或生物價的分數降低。

當食物蛋白質的胺基酸評分或生物價的分數很高時，就表示它是「優質的蛋白質」。優質蛋白質的消化吸收率很高，比起消化吸收率差的食物只需要少量就能讓動物獲得必需的營養。如此一來就可以縮減排便量，降低氨的產生量，而且還能減少未消化物而防止腸道內的環境惡化，可說是擁有非常多的優點。

## 胺基酸評分

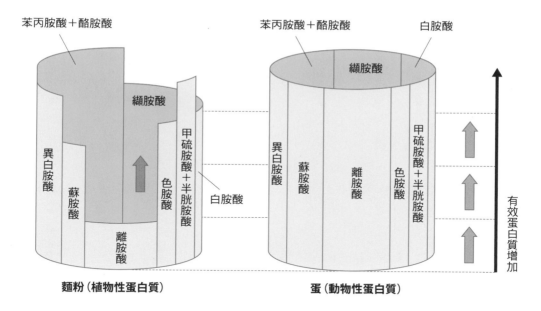

麵粉（植物性蛋白質）　　　　　　　蛋（動物性蛋白質）

## 胺基酸評分與生物價

| 食物名稱 | 胺基酸評分 | 生物價 |
|---|---|---|
| 蛋 | 100 | 94 |
| 牛奶 | 100 | 90 |
| 雞胸肉／牛肉 | 100 | 74 |
| 魚 | 100 | 76 |
| 木棉豆腐（板豆腐） | 82（甲硫胺酸＋半胱胺酸） | 64 |
| 馬鈴薯 | 50（白胺酸） | 71 |
| 精製白米 | 65（離胺酸） | 67 |
| 麵粉 | 44（離胺酸） | 41 |

※（　　）內為第一限制胺基酸

## 脂質
### ～保護身體（維持生理機能）

　　脂質是生物體成分中，不溶於水、只能溶於有機溶劑（乙醇、苯、氯仿等）之物質的總稱。飲食中所含的脂質多為中性脂肪，所以稱為「脂肪」。

　　飲食中的脂肪可分成奶油或豬油等動物性食品來源的「動物性油脂」，以及種子類或堅果類等植物性食品來源的「植物性油脂」，每1公克的脂肪能提供9大卡的能量。動物性油脂在常溫下為固體，植物性油脂在常溫下為液體。脂質由碳（C）、氫（H）、氧（O）構成，分為中性脂肪、膽固醇、磷脂質、醣脂類等種類。

　　脂質除了是效率佳的能量來源，對於調節體溫、運送脂溶性維生素、構成生物膜、合成賀爾蒙及膽汁等生理機能的維持也很重要。從飲食攝取到的中性脂肪，經由消化酵素脂肪酶分解成甘油及脂肪酸，在小腸被吸收後再度形成中性脂肪，從淋巴管進入血液運送到全身。

　　脂肪酸根據結構中是否有雙鍵而分類為飽和脂肪酸與不飽和脂肪酸。不飽和脂肪酸在碳與碳之間有雙鍵，雙鍵數目為一個時稱為單元不飽和脂肪酸，有兩個以上時則稱為多元不飽和脂肪酸。根據雙鍵的位置還可更進一步分為omega-6脂肪酸（n-6）及omega-3脂肪酸（n-3）兩類。

　　由於人類、狗狗和貓咪都無法在體內合成擁有兩個雙鍵以上的脂肪酸，所以omega-6脂肪酸與omega-3脂肪酸都屬於必需脂肪酸（EFA：Essential Fatty Acid）。人類與狗狗的必需脂肪酸包括亞麻油酸（Linoleic acid，n-6）與α-次亞麻油酸（α-Linolenic acid，n-3）。亞麻油酸在玉米或葵花油等植物油中的含量豐富，進入體內後會轉變為γ-次亞麻油酸及花生四烯酸（Arachidonic acid）。不過，由於貓咪無法在體內合成花生四烯酸，所以花生四烯酸也是貓咪的必需脂肪酸，且只有動物性油脂才含有此種脂肪酸。omega-6脂肪酸雖然對皮膚與毛髮的健康十分重要，但由於花生四烯酸還會產生生理活性物質類花生酸（Eicosanoid），所以若攝取過多的話可能會引發過敏性皮膚炎等發炎症狀。

　　α-次亞麻油酸在亞麻油中有豐富的含量，可轉換成EPA（二十碳五烯酸，Eicosapentaenoic acid）與DHA（二十二碳六烯酸，Docosahexaenoic Acid）。EPA與DHA在鯡魚、鮭魚、鯖魚等魚類的體內有豐富的含量，其擁有的抗氧化作用、抗發炎作用及抗癌作用等效果備受矚目。

### 中性脂肪的結構

**甘油　＋　脂肪酸　＝　中性脂肪**

甘油 ─ 脂肪酸
　　 ─ 脂肪酸
　　 ─ 脂肪酸

三個脂肪酸結合

**三酸甘油酯**

食物中脂肪的主要成分
構成體脂肪的主要成分

## 脂肪酸的分子結構

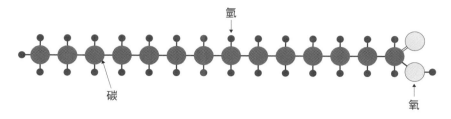

氫

碳

氧

## 飽和脂肪酸與不飽和脂肪酸的差異

**飽和脂肪酸**
→所有的碳原子都與
　氫結合成飽和狀態

**不飽和脂肪酸**
→碳原子上有未與
　氫結合的部分

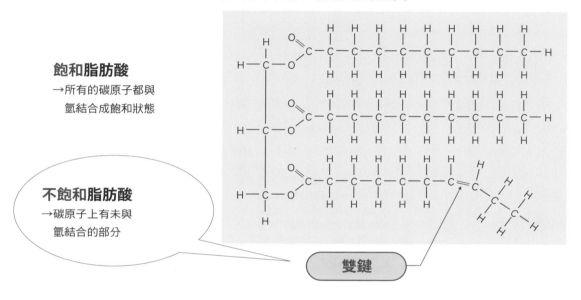

雙鍵

## 必需脂肪酸

**不飽和脂肪酸　＝　必需脂肪酸**
（無法在體內合成所以必須從食物中攝取）

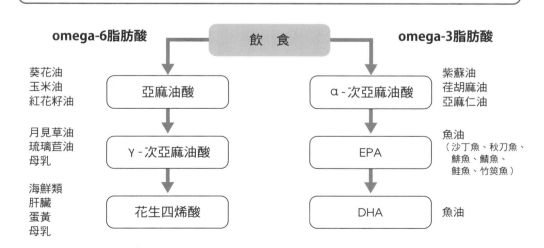

| omega-6脂肪酸 | 飲食 | omega-3脂肪酸 |
| --- | --- | --- |

葵花油
玉米油
紅花籽油

亞麻油酸

α-次亞麻油酸

紫蘇油
荏胡麻油
亞麻仁油

月見草油
琉璃苣油
母乳

γ-次亞麻油酸

EPA

魚油
（沙丁魚、秋刀魚、
　鯡魚、鯖魚、
　鮭魚、竹筴魚）

海鮮類
肝臟
蛋黃
母乳

花生四烯酸

DHA

魚油

## 脂肪的過量與不足

| 過量 | 脂肪便、下痢、肥胖、胰臟疾病、肝臟疾病等 |
| --- | --- |
| 不足 | 發育障礙、皮膚問題（毛質劣化、脂漏性皮膚炎、外耳炎等）等 |

## omega-6脂肪酸與omega-3脂肪酸的來源

| omega-6脂肪酸 | 紅花籽油、玉米油、葵花油 |
| --- | --- |
| omega-3脂肪酸 | 亞麻仁油、魚油（EPA、DHA） |

## 脂肪酸之組成　　　　　　　　　　　　　　　　　　　　column

食物中的脂肪並非僅由一種脂肪酸所構成，而是含有飽和脂肪酸及不飽和脂肪酸，並且會因為組成比例的不同而擁有不同的特性。

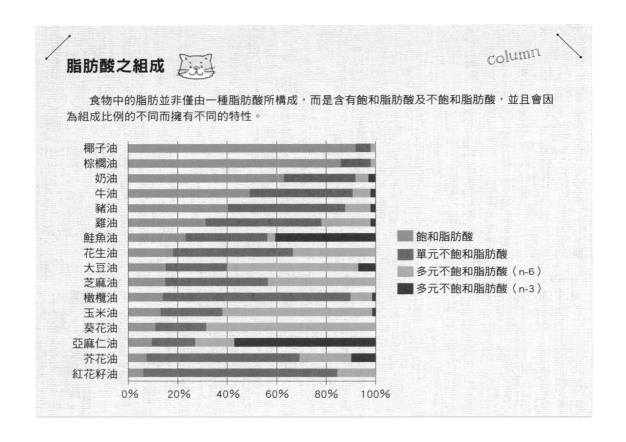

## ↘ 維生素
### ～調節生理機能＋輔酵素

維生素是多種有機化合物的統稱，僅需微量就能調整生理機能，分為脂溶性的維生素A、D、E、K與水溶性的維生素B群及維生素C。脂溶性維生素的特性是能溶於油脂中，會蓄積在肝臟內，因此若攝取過量的話可能會產生中毒症狀。雖然大部分人會有蔬菜或水果內含有維生素A的印象，但實際上在植物性食品中所含的β-胡蘿蔔素為維生素A的前驅物，只有奶油或肝臟等動物性食品中才含有維生素A。從食物中攝取到的β-胡蘿蔔素，人類或狗狗會在肝臟轉換成維生素A，貓咪則因為無法轉換，所以一定要從動物性食品中攝取。

水溶性維生素因為具有可溶於水的特性，多

# 維生素一覽表／功能與來源／過量與不足

| 分類 | 維生素（化學名） | 功能 | 來源 | 過量 | 不足 |
|---|---|---|---|---|---|
| 脂溶性維生素 | 維生素A（視黃醇 Retinol） | 眼睛、皮膚、黏膜之健康<br>骨骼發育<br>抗氧化作用（β-胡蘿蔔素） | 黃綠色蔬菜、鰻魚、奶油、蛋黃、肝臟等 | 食慾不振<br>發育遲緩<br>骨骼發育異常 | 食慾不振<br>發育遲緩<br>皮膚劣化 |
| | 維生素D（鈣化醇 Calciferol） | 骨骼形成<br>促進鈣吸收<br>調節甲狀腺機能 | 魚類、乾香菇、蛋黃等 | 高血鈣症<br>軟組織鈣化<br>食慾不振 | 骨質軟化症<br>骨質疏鬆症 |
| | 維生素E（生育酚 Tocopherol） | 保護細胞膜<br>抗氧化作用 | 植物油、小麥胚芽、魚類等 | 幾乎不會發生 | 貓咪的脂肪組織炎<br>繁殖障礙 |
| | 維生素K（葉綠醌 Phylloquinone） | 凝血功能<br>骨骼健康 | 黃綠色蔬菜、納豆、肝臟等 | 幾乎不會發生<br>貧血（狗狗） | 凝血時間遲緩 |
| 水溶性維生素 | 維生素B$_1$（硫胺素 Thiamine） | 醣類代謝<br>維持神經功能正常 | 豬肉、大豆等 | 幾乎不會發生 | 食慾不振<br>體重減輕 |
| | 維生素B$_2$（核黃素 Riboflavin） | 脂質代謝<br>促進發育<br>細胞再生 | 肝臟、乳製品等 | 幾乎不會發生 | 發育遲緩<br>運動失調<br>皮膚炎 |
| | 維生素B$_6$（吡哆醇 Pyridoxine） | 蛋白質、脂質之代謝<br>皮膚與神經之健康 | 肝臟、肉類、蛋、沙丁魚等 | 幾乎不會發生 | 食慾不振<br>發育遲緩<br>體重減輕<br>脂肪肝（貓咪） |
| | 菸鹼酸（Niacin） | 醣類、脂質之代謝<br>維持腦神經功能正常 | 肉類、魚類、豆類、蛋等 | 幾乎不會發生 | 食慾不振<br>發育遲緩<br>下痢 |
| | 泛酸（Pantothenic acid） | 脂質、蛋白質、醣類之代謝 | 肝臟、乳製品、豆類、蛋等 | 幾乎不會發生 | 食慾不振<br>發育遲緩<br>突然昏睡 |
| | 維生素B$_{12}$（鈷胺素 Cobalamin） | 紅血球再生<br>維持神經功能正常 | 肉類、乳製品、牡蠣等 | 幾乎不會發生 | 食慾不振<br>貧血 |
| | 生物素（Biotin） | 蛋白質、脂質、醣類之代謝<br>毛髮健康 | 肝臟、豆類、乳製品、蛋等 | 幾乎不會發生 | 角化症<br>掉毛（貓咪）<br>體重減輕<br>下痢 |
| | 葉酸（嘌呤麩胺酸 Pteroylglutamic acid） | 紅血球形成<br>合成DNA | 肝臟、黃綠色蔬菜 | 幾乎不會發生 | 發育遲緩<br>唇顎裂 |
| | 膽鹼（Choline） | 脂質代謝<br>神經組織健康<br>維持肝功能正常 | 蛋黃、肝臟、乳製品、豆類等 | 下痢 | 體重減輕<br>嘔吐<br>脂肪肝 |
| | 維生素C（抗壞血酸 Ascorbic acid） | 強化結締組織<br>抗氧化作用 | 柑橘類、薯類、蔬菜類等 | 幾乎不會發生 | 幾乎不會發生 |

餘的部分可排泄到尿液中，所以極少會有過量的情形，但有時也會造成軟便、下痢等症狀。狗狗和貓咪的體內能夠合成人類體內無法合成的維生素C，所以如果從營養補充品之類的食品中攝取到過量的維生素C且又長時間持續的話，可能會引起草酸鈣的泌尿道結石。維生素B群是能量轉換的輔酵素，具有調整神經機能及紅血球的組成成分等重要功能，且效力也多為水溶性，所以十分容易流失，必須從飲食中充分攝取。

$\beta$-胡蘿蔔素、維生素E及維生素C具有抗氧化作用，能夠防止活性氧氧化對細胞造成傷害。肥胖或生病會讓動物體內的活性氧增加，所以在這種狀態下動物對$\beta$-胡蘿蔔素、維生素E及維生素C的需求量也會增加。維生素的過量與不足都會對生理機能的調節造成影響。

雖然維生素B群與維生素K可藉由腸內細菌在體內合成，但只要腸道內環境不佳或有使用抗生素的情況時，合成量就會不足。維生素D可藉由照射紫外線在體內合成，但狗狗和貓咪的體內合成量並不足夠。此外狗狗可以從胺基酸中的色胺酸在體內合成菸鹼酸，但貓咪不行。

## ↘ 礦物質
### ～調節生理機能＋構成組織或體液之成分＋活化酵素

礦物質能調節骨骼或牙齒等硬組織的形成、細胞內外液的主要電解質，以及神經傳導等生理機能。雖然礦物質與維生素一樣都不能供應能量，但在體內各種酵素反應的活化過程中，礦物質肩負著十分重要的作用。

礦物質分為鈣、磷、鎂、鈉、鉀、氯等巨量礦物質，以及鐵、銅、鋅、錳、硒、碘等微量礦物質。

礦物質的適量範圍十分狹窄，且彼此之間還會互相影響，因此均衡地攝取十分重要。體內最多的礦物質為鈣，再來則是磷。

目前對狗狗和貓咪的鈣磷比建議比例，均為鈣：磷＝1：1～2：1。

若狗狗或貓咪的主食是優質的寵物食品，因為裡面已經添加了足夠的礦物質，基本上不需要額外補充。另一方面，礦物質的過多與不足都會對其生理機能造成不同的影響。

---

## 貓咪與魚

由於貓咪是完全肉食性動物，所以原本會去獵食哺乳動物或鳥類，但因為受到日本飲食文化的影響，大家常會有「貓咪喜歡吃魚」的既定印象。

雖然魚肉也屬於優質蛋白質，但因為其中含有豐富的不飽和脂肪酸，如果與活性氧結合容易形成可能會引發疾病的過氧化脂質，具有這樣的缺點，而能夠彌補這項缺點的，就是維生素E的抗氧化作用。

貓咪如果持續攝取含有大量不飽和脂肪酸但維生素E不足的飲食，可能會引發脂肪組織炎（黃脂病）甚至招致死亡。隨著近年來營養學的發達，愈來愈多飼主會選擇營養均衡的貓咪專用飼料，所以已很少出現這種疾病，但若是選擇了低品質的貓飼料或是營養失衡以魚肉為主的手作鮮食，則還是會有危險。此外，生魚肉中含有會影響維生素$B_1$吸收的酵素——硫胺素酶（Thiaminase），所以以生魚肉為主食的飲食，除了維生素E不足外，還會有維生素$B_1$缺乏症的危險，因此飼主平時要多注意餵給貓咪的飲食內容。

## 礦物質一覽表

| | 礦物質 | 功能 | 來源 | 過量 | 不足 |
|---|---|---|---|---|---|
| 巨量礦物質 | 鈣 | 形成骨骼、牙齒維持肌肉、神經之健康 | 乳製品、骨頭 | 骨骼發育異常其他礦物質不足 | 痀僂症、骨質疏鬆症、營養性繼發性副甲狀腺機能亢進症 |
| | 磷 | 構成骨骼、牙齒產生能量 | 肉、魚、乳製品 | 鈣不足 | 與缺鈣症狀相同 |
| | 鎂 | 可活化約300種的酵素 | 大豆、穀類 | 泌尿道結石弛緩性麻痺 | 肌肉無力骨質流失 |
| | 鉀 | 體液平衡、肌肉功能、神經傳導 | 薯類、蔬菜類、水果類 | 極少發生 | 食慾不振活力減少 |
| | 鈉與氯 | 體液平衡、神經傳導、產生胃酸 | 食鹽、味噌、火腿 | 口渴、便祕 | 食慾不振、疲勞 |
| 微量礦物質 | 鐵 | 運送氧氣 | 肝臟、牛肉瘦肉 | 食慾不振體重減輕 | 貧血、倦怠感 |
| | 鋅 | 維持皮膚健康促進免疫功能 | 牛肝、紅肉、乳製品、蛋黃、豆類 | 鈣、銅不足 | 食慾不振掉毛、角化症 |
| | 銅 | 合成血紅素 | 肝臟 | 肝炎 | 貧血、成長抑制 |
| | 碘 | 合成甲狀腺素 | 魚、牛肉、肝臟、昆布、海帶芽、海苔 | 食慾不振、倦怠感 | 甲狀腺腫大繁殖障礙 |
| | 硒 | 抗氧化作用 | 豬腎臟、魚類 | 嘔吐、痙攣、流口水 | 食慾不振繁殖障礙 |
| | 錳 | 酵素之組成成分 | 黑麥全麥粉、糙米 | 極少發生 | 繁殖障礙、脂肪肝 |

## 補充鈣質能讓骨骼強壯嗎？

*column*

　　飼主們經常會有「補充鈣質可以讓寵物的骨骼強壯又健康」這樣的想法，因此很喜歡餵給寵物添加鈣質的零食或是小魚乾。然而，動物的消化、吸收或代謝過程就像之前說過的一樣，身體會「吸收必要的物質，將非必要的物質排泄出去」，以維持細胞內外的均衡狀態，保持體內的恆定性。也就是說，即使大量餵食，只要不是身體所需要的，就會被排泄到體外。

　　血液中的鈣濃度，是由腸道吸收的鈣質、骨骼對鈣質的吸收與釋放，以及從腎臟排泄出去的鈣質三者所決定的。也就是說，當從飲食中攝取大量鈣質讓血中鈣質濃度上升的話，就會活化破骨細胞，讓磷從骨頭中游離出來，過量的部分則從腎臟排出。相反地，若餵食過多含磷量高的肉或肉乾，就會讓骨頭中的鈣質游離出來。所以，一旦鈣質或磷過量（以及兩者很不均衡）時，別說讓骨骼強壯了，反而會讓骨骼變得脆弱，甚至加重腎臟的負擔。

　　在屬於綜合營養食品的寵物食品中，已經添加了符合動物需求量的礦物質。為了不要讓專門為寵物準備的食物反而讓寵物生病，向飼主傳達正確的知識非常重要。

## 重 點 整 理

□ 水是最重要的營養素，佔了全身體重的60%左右，約為除脂體重的70%

□ 每日所需的水分攝取量一定要補足損失的水分量

□ 每日所需的水分攝取量大致上等同於 DER，只是單位要換成毫升

□ 水分的攝取來源包括飲食中所含的水分、飲水，以及代謝水

□ 碳水化合物是由醣類與膳食纖維所構成的營養素

□ 碳水化合物的主要來源為穀類、薯類、豆類、水果類、蔬菜類

□ 碳水化合物的熱量為 4 大卡／公克，消化酵素為澱粉酶

□ 醣類為能量來源，膳食纖維則可以促進腸道的健康

□ 葡萄糖是構成醣類的基本分子，對生物體極為重要

□ 碳水化合物根據分子的結合數目，可分成單醣類、寡醣類、多醣類

□ 多醣類包括澱粉、肝醣與膳食纖維

□ 澱粉是植物體中的貯存能量

□ 肝醣是動物體內的貯存能量，貯存於肝臟與肌肉中

□ 膳食纖維分為水溶性膳食纖維及不溶性膳食纖維

□ 水溶性膳食纖維可提供飽足感且有益於腸道內環境的正常化

□ 中等發酵程度的膳食纖維對狗狗及貓咪的腸道健康很有幫助

□ 甜菜渣是寵物食品中經常會添加的中等發酵程度膳食纖維

□ 蛋白質的熱量為 4 大卡／公克，消化酵素為蛋白酶

□ 比起作為能量來源，蛋白質構成身體成分的功能更為重要

□ 蛋白質的食物來源中，肉、魚、蛋、乳製品為動物性蛋白質，穀類或豆類（大豆）則為植物性蛋白質

□ 蛋白質是 20 種胺基酸的集合體

□ 一定要從飲食中攝取的必要胺基酸稱為必需胺基酸

□ 狗狗的必需胺基酸比人類的必需胺基酸還多了一種精胺酸，總共 10 種

□ 貓咪的必需胺基酸比人類的必需胺基酸還多了精胺酸及牛磺酸，總共 11 種

□ 胺基酸評分是一種透過必需胺基酸是否均衡來評估蛋白質營養價值的方法

□ 生物價是一種透過消化吸收率來評估蛋白質營養價值的方法

□ 一般來說，動物性蛋白質的胺基酸評分與生物價分數都比植物性蛋白質還要高

□ 貓咪對蛋白質的需求量比狗狗還高

□ 脂質的熱量為 9 大卡／公克，消化酵素為脂肪酶

□ 最單純的脂質為中性脂肪，由甘油與脂肪酸構成

□ 從飲食攝取到的脂肪分為動物性油脂與植物性油脂

□ 脂肪酸分為飽和脂肪酸與不飽和脂肪酸

□ 不飽和脂肪酸中，亞麻油酸（omega-6 脂肪酸）與 α- 次亞麻油酸（omega-3 脂肪酸）為必需脂肪酸

□ 貓咪的必需脂肪酸為亞麻油酸、α- 次亞麻油酸與花生四烯酸

□ omega-3脂肪酸在魚油中有豐富的含量，對減輕發炎很有幫助

□ 維生素分為水溶性維生素（Ｂ群、Ｃ）與脂溶性維生素（Ａ、Ｄ、Ｅ、Ｋ）

□ 維生素Ｂ群在營養轉換成能量的過程中是很重要的輔酵素，

□ 維生素Ａ、Ｄ過量會造成中毒

□ 維生素Ｅ、β-胡蘿蔔素與維生素Ｃ具有抗氧化作用

□ 礦物質分為巨量礦物質與微量礦物質

□ 巨量礦物質包括鈣、磷、鎂、鉀、鈉及氯

□ 狗狗和貓咪的鈣磷比應為鈣：磷＝１：１～２：１

□ 食慾不振在維生素或礦物質的過量或不足時都有可能發生

□ 狗狗和貓咪可在體內合成維生素Ｃ

# 消化與吸收

　　所謂的食物，僅是吃進體內並不能被利用，必須經過消化系統的作用，才能為身體所用。消化系統包括消化道的口腔、食道、胃、小腸、大腸，以及胰臟、肝臟等附屬器官。吃進體內的食物經過物理性消化與化學性消化的作用後，從小腸被吸收，送往肝臟及淋巴管。

　　物理性消化指的是食物在口腔中經過咀嚼、切碎、攪拌等作業，以及在消化道內的分節運動及蠕動運動。化學性消化則是透過水與消化酵素的水解作用，將食物分解成小腸可以吸收的小分子，而小腸不能吸收的未消化物則會運送到大腸，以糞便形式排出體外。

　　接下來，一起來深入了解消化與吸收的機制，以及人類與犬貓之間的差異處吧！

## ↘ 口腔
### （將食物切成能吞嚥的大小、吞嚥）

　　「將食物切成能吞嚥的大小後吞嚥下去」這段過程就是口腔的工作。人類與犬貓在口腔上的最大差異，是牙齒的形狀、數目，以及下顎關節

的可動範圍。

　　對雜食性或草食性動物來說，由於碳水化合物型的食物是牠們的主食，所以牙齒為平面且顎關節可以做出如同臼一樣的研磨動作。另一方面，屬於肉食性動物的狗狗牙齒就比較尖銳，而貓咪這種完全肉食動物的牙齒形狀則更為尖銳細長。只要看到這種牙齒形狀，就會知道它的目的是為了穿刺及切開食物，也因此牠們的顎關節並

## 人類的牙齒構造

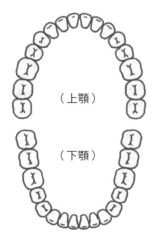

（上顎）

（下顎）

## 狗狗和貓咪的牙齒構造

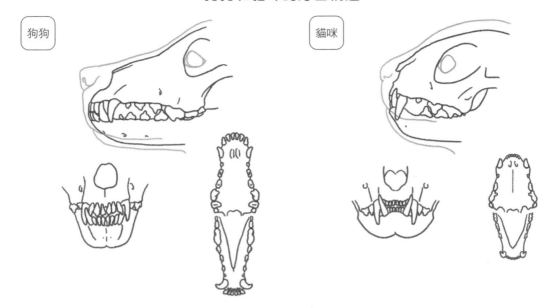

狗狗　　　　　　　　　　　　貓咪

## 人類、狗狗和貓咪的牙齒構造比較

|  | 門齒 | 犬齒 | 小（前）臼齒 | 大（後）臼齒 | 總計 |
|---|---|---|---|---|---|
| 人類 | 8 | 4 | 8 | 12 | 32 |
| 狗狗 | 12 | 4 | 16 | 10 | 42 |
| 貓咪 | 12 | 4 | 10 | 4 | 30 |

Anatomy of the jaw of dogs and cats（Maskell and Johnson 1993）

不能做出研磨的動作。換句話說，因為食物在犬貓口中停留的時間很短，所以並不會在口腔內進行消化作用。

而狗狗和貓咪的唾液雖然與消化無關，但充分的唾液分泌可幫助牠們將食團吞嚥下去，而且對保持口腔內的衛生也十分重要，同時還具有殺菌作用。

### ↘ 食道
**（將食物往胃部輸送）**

食道是一個負責輸送食物的器官，藉由蠕動運動將吞下的食物往胃部內輸送。食道黏膜所分泌的黏液有助於食團通過食道，但食道本身並不會分泌消化酵素。在食道的尾端有下食道括約肌，可防止胃內容物逆流。

### ↘ 胃
**（將食物消化成黏稠的食糜狀）**

胃部以下食道括約肌與食道相連，相連的入口處稱為賁門。停留在胃部中的食物在經由蠕動運動攪拌混合成黏稠的食糜狀後，會一點一點地從胃的出口幽門被送往十二指腸。在食物形成食

糜狀之前，胃的賁門與幽門括約肌會收縮讓食團留在胃部中。

胃黏膜會分泌鹽酸（HCL）、蛋白質消化酵素胃蛋白酶原（pepsinogen）與黏液。一旦食物進入胃部刺激鹽酸分泌，胃內容物的酸鹼值會下降到 pH 1 ～ 2。這個過程會活化胃蛋白酶原轉變成胃蛋白酶（pepsin）將蛋白質分解，並且可將與食物一起吃進來的微生物殺死達到殺菌作用，還能促進鈣質與鐵的吸收，對於之後消化道的消化吸收過程是否能正常進行十分重要。

在胃部之中，一般來說愈是大量、固體、高脂肪、富含水溶性膳食纖維的食物，停留的時間愈會比少量、液體、低脂肪、富含不溶性膳食纖維的食物還要更久。

胃壁所分泌的黏液能保護胃壁不受到蛋白質分解酵素及鹽酸破壞，但如果動物處於不安、害怕、有壓力等狀態時，由於會降低胃黏液的分泌量，所以會給胃部功能與健康帶來影響。

胃部的容量，在人類為 1.3 公升，狗狗為 0.5 ～ 8 公升，貓咪約為 0.3 公升。人類和狗狗的胃部具有擴張性，所以可以一次吃下大量食物，但貓咪的食性則是會把小型獵物一天分成好幾次才吃完，胃部的擴張性並不大。

## 胃的構造

括約肌
賁門
幽門
食道
賀爾蒙（胃泌素）
胃角切跡
胃底部
胃小彎
胃體部
胃大彎
十二指腸
幽門部
賀爾蒙（腸抑胃素）

胃液的成分
○胃蛋白酶
○胃酸（鹽酸）
○黏液

## ↘ 小腸
### （營養吸收）

小腸是能夠將胃部送來的食物加以消化、吸收的消化道。由十二指腸、空腸、迴腸組成，十二指腸的功能是將胃部送來的食物進一步地消化，空腸及迴腸則負責吸收。

十二指腸會對胃部送來之內容物中的蛋白質與脂肪產生反應，刺激膽囊分泌膽汁。由於脂肪的特性是無法溶於水，所以必須先對其進行乳化作用，待分子變小後才容易被消化酵素所作用並引起水解反應。受到乳化作用之後的脂肪，會被胰臟分泌之胰液中的胰脂酶（pancreatic lipase）分解成甘油及脂肪酸。

胰液中除了脂肪酶外,還含有蛋白質的消化酵素蛋白酶(胰蛋白酶 trypsin、胰凝乳蛋白酶 chymotrypsin 等)以及碳水化合物的消化酵素澱粉酶。

透過這些酵素的作用,所有的營養素會被分解為小分子,從小腸壁的絨毛吸收進去後進入肝臟或淋巴管。膽汁和胰液不只可以中和強酸性的胃內容物,同時還肩負維持小腸正常環境的重要任務。

## 小腸的構造

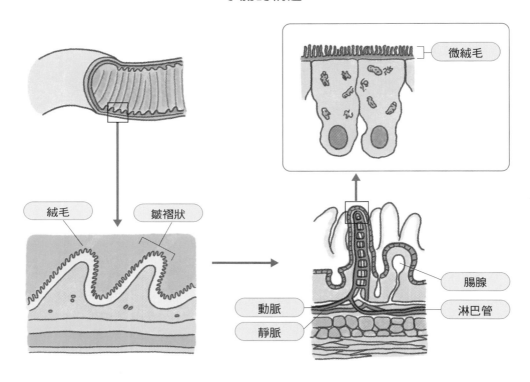

## ↘ 大腸
### (水分與電解質的再吸收)

由於大腸不是吸收營養的場所,所以並沒有如同小腸一般的絨毛結構。小腸消化吸收完畢後的黏稠狀食物殘渣(膳食纖維或未消化的營養素)進入大腸後,由大腸吸收其中的水分與電解質後形成糞便。

## 腸內菌叢　

column

　　要維持腸道內環境正常，靠的是保持腸道內好菌、壞菌、伺機性細菌等細菌菌叢之間的平衡。其中伺機性細菌因為有看誰多就支持誰的特性，所以好菌與壞菌之間的平衡非常重要，一旦失衡就會有軟便或下痢等症狀出現。

　　一般來說，當糞便的顏色變深、變臭的時候通常表示壞菌正在增殖，而常見的原因則是肉乾或肉餵食太多。當糞便呈現黃色且偏軟的時候，則常常是因為蔬菜或水果餵得太多。只要事先記住這樣的關係，在對飼主提供建議時就派得上用場了。

## 營養素與消化酵素

| 營養素 | 消化酵素（分泌的部位） | 分子 |
|---|---|---|
| 碳水化合物 | 澱粉酶<br>（人類／口腔、胰臟）<br>（狗狗、貓咪／胰臟） | 葡萄糖 |
| 蛋白質 | 蛋白酶<br>（胃蛋白酶／胃）<br>（胰蛋白酶／胰臟）<br>（胰凝乳蛋白酶／胰臟） | 胺基酸 |
| 脂肪 | 脂肪酶<br>（胰臟） | 甘油<br>脂肪酸 |

## pH 值（酸鹼值）

column

　　所謂pH值，是將氫（H）的濃度以數字0～14表示的一種指數。7為中性，數字愈小表示酸性愈強，數字愈大則表示鹼性愈強。數字只要相差1就表示濃度有10倍的差異，所以數字相差2就表示濃度有100倍的差異。身體會隨時維持體內的恆定性（Homeostasis），保持體內各個作用執行時最有效率的環境pH值（最適當的酸鹼值）。

　　消化酵素也是一樣，各個消化器官內的pH值能否維持在能夠活化酵素的適合環境，會影響到身體的消化吸收能力。

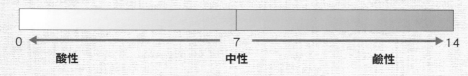

| 0 | 7 | 14 |
|---|---|---|
| 酸性 | 中性 | 鹼性 |

# 消化液的pH值

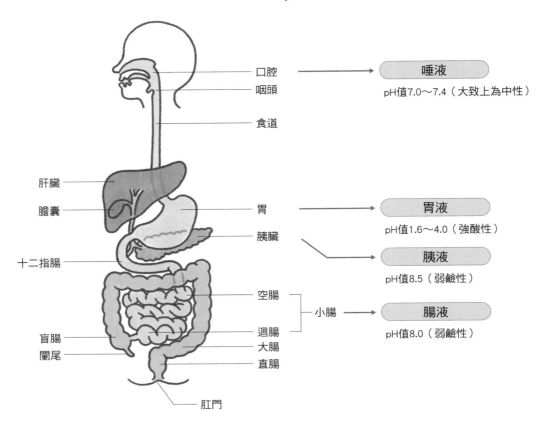

口腔
咽頭
食道

肝臟
膽囊

十二指腸

盲腸
闌尾

肛門

胃
胰臟

空腸
迴腸
大腸
直腸

| | |
|---|---|
| **唾液** | pH值7.0～7.4（大致上為中性） |
| **胃液** | pH值1.6～4.0（強酸性） |
| **胰液** | pH值8.5（弱鹼性） |
| **腸液** | pH值8.0（弱鹼性） |

小腸

---

## 鈣質的吸收

*column*

　　由於鈣質屬於元素無法再進一步分解，所以與消化酵素並沒有關係，影響鈣質吸收的因素，為下列所示：

**①胃酸濃度**
一旦胃酸濃度過低，鈣質就無法轉變成容易吸收的形式，所以如果在飯前寵物曾喝下大量水分的話，最好間隔15～30分鐘再餵食。

**②蛋白質**
在強酸環境下轉變為可吸收形式的鈣質，會與胺基酸一起被吸收。因此一旦胃酸濃度被水稀釋的話，鈣質與蛋白質兩者的吸收率都會降低。

**③維生素D**
維生素D能促進腸道對鈣質的吸收。

**④膳食纖維**
過多的膳食纖維會讓降低胃酸濃度，而且還會吸附營養素直接排到糞便中，所以會妨礙吸收。

**⑤草酸、植酸**
菠菜中富含的草酸或豆類、穀類富含的植酸都會妨礙鈣質吸收。

**重 點 整 理**

- □ 為了將來自飲食的營養素吸收進體內，必須經過消化的過程
- □ 消化分為物理性消化與化學性消化
- □ 物理性消化包括牙齒與消化器官的蠕動運動
- □ 化學性消化需要水和消化酵素
- □ 水分進行作用後引起的化學反應稱為水解
- □ 狗狗和貓咪的唾液中不含有澱粉酶，是由胰臟所分泌的
- □ 食道不會分泌消化酵素
- □ 胃黏膜會分泌胃黏液、鹽酸（HCL）、胃蛋白酶原
- □ 鹽酸（HCL）為強酸，能將胃蛋白酶原活化為胃蛋白酶
- □ 鹽酸（HCL）有強力的殺菌作用
- □ 胃酸濃度會影響蛋白質的消化與鈣質的吸收
- □ 脂肪被消化之前必須先經過膽汁的乳化作用
- □ 消化後的營養素被小腸絨毛吸收，送往肝臟或淋巴管
- □ 膽汁或胰液除了消化作用外，還有一個重要功能是中和胃內容物的酸性
- □ 在大腸中會將水分與電解質再吸收
- □ 大腸內的環境會影響腸內菌叢的平衡
- □ 含有大量未消化物的飲食會給腸道內環境帶來不良影響

## 食性與食物喜好（嗜口性）

以什麼食物為食就是動物的「食性」。食性主要與該動物消化器官能適應的食物有關，例如肉食性愈強的動物其牙齒就愈尖銳，所以能夠被牙齒穿刺並切開的食物就很適合。而能最快被消化的營養素，也表現出該動物的主食以及身體所適合的營養比例，例如人類就是碳水化合物，而狗狗或貓咪則是蛋白質。

此外，食性愈偏向肉食性的動物，其與體長有關的消化器官就愈短，所以需要有很高的營養吸收率，才能吸收到足夠的營養。

### 人類、狗狗、貓咪之食性與消化道的差異

|  | 人類 | 狗狗 | 貓咪 |
|---|---|---|---|
| 唾液中的消化酵素 | 有 | 無 | 無 |
| 胃內容量 | 1.3公升 | 0.5～8公升 | 0.3公升 |
| 胃酸pH值 | 2～4 | 1～2 | 1～2 |
| 小腸長度 | 6～6.5公尺 | 1.7～6公尺 | 1～1.7公尺 |
| 大腸長度 | 1.5公尺 | 0.3～1公尺 | 0.3～0.4公尺 |
| 食性 | 雜食性 | 偏向雜食的肉食性 | 完全肉食性 |

摘自法國皇家ROYAL CANIN Everything you need to know about Nutrients to nourish, to prevent, to cure Cats and Dogs

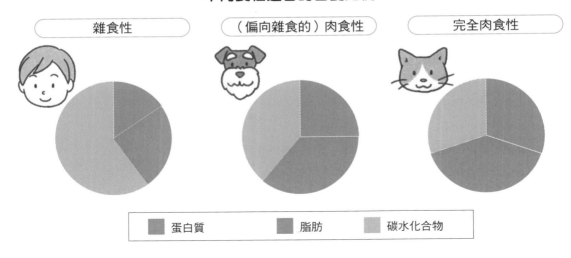

## 不同食性適合的營養比例

雜食性　　　（偏向雜食的）肉食性　　　完全肉食性

■ 蛋白質　　　■ 脂肪　　　■ 碳水化合物

　　另一方面，動物喜歡吃什麼樣的食物則屬於「食物喜好（嗜口性）」，由食物的氣味、味道與口感等因素決定。除了單純的喜好之外，其中也有確認食物是否安全的意義。

　　肉食性的狗狗或貓咪，最喜歡的氣味就是脂肪的氣味。由於貓咪的嗅覺細胞數量比狗狗還少，所以比狗狗更習慣用舌頭去確認食物，也因此有許多貓咪非常在意食物的形狀。而因為嗅覺會受到含水量及溫度的影響，所以比起乾燥過的食物和冰冷的食物，寵物們更喜歡含水量高的溼食和溫熱的食物。

　　味覺分為五種味道，即甜味、鹹味、苦味、酸味和鮮味。人類因為擁有數量較多的味蕾，所以可以品嚐到多種味道，但狗狗的味蕾就沒有人類那麼多，貓咪的味蕾則還要更少。不論是狗狗還是貓咪，都喜歡鮮味及酸味，這些是肉類或魚肉中富含的麩胺酸等胺基酸的味道，尤其酸味更是深得貓咪喜愛。此外，狗狗因為有可以感受甜味的味蕾所以也很喜歡甜味，但貓咪就幾乎沒有這種味蕾所以對甜味沒什麼興趣。而不論是狗狗或貓咪都不喜歡苦味，因為苦味在自然界中是大部分毒物會有的味道。不過，真正的食物喜好還是要由過往的「經驗」來決定。至於食物的口感，狗狗和貓咪都不喜歡太過黏稠的口感。

### 狗狗和貓咪的食物喜好

|  | 狗狗 | 貓咪 |
| --- | --- | --- |
| 喜歡的氣味 | 脂肪味 | 脂肪味 |
| 喜歡的味道<br>甜味<br>鹹味<br>酸味<br>苦味<br>鮮味 | ◎<br>△<br>○<br>×<br>◎ | ×<br>△<br>◎<br>×<br>◎ |

### 味蕾分布

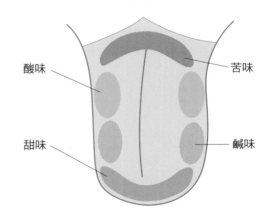

酸味　　　苦味

甜味　　　鹹味

## ↘ 可以給及不能給狗狗和貓咪吃的食物

人類和犬貓之間除了消化與吸收功能有所不同外，在肝臟進行的代謝也不盡相同。肝臟除了是營養素合成或分解的場所，也負責解毒的工作，所以當送往肝臟的營養素不適合肝臟進行相關作用時，可能會因為無法處理而引發中毒症狀或肝功能不全。所以切記不能餵食給寵物這一類的食物。

會引起狗狗或貓咪中毒的食物，可參考ASPCA（美國防止虐待動物協會 https://www.aspca.org/）公布在網站上的內容，其中代表性的食物就是蔥類與巧克力。大部分的誤食意外都是因為飼主的疏忽而發生，例如把裝了巧克力的袋子回家後隨手放在地上置之不理，或是家裡沒人時寵物誤食了放在桌上的茶葉等就是常見的案例。次外，人類為了維持牙齒健康而使用的木糖醇，在狗狗或貓咪身上則有可能造成低血糖甚至死亡的情形發生。

其他高危險性的食物還包括骨頭，加熱煮熟之後的骨頭容易縱向裂開，所以有割傷食道或消化器官的風險。而生的骨頭雖然不會縱向裂開，但有損傷牙齒、卡在喉嚨或被沙門氏桿菌污染的可能性。

另外需要特別注意的食物還有人類的加工食品，有些食品的原料本身雖然不會引起狗狗或貓咪中毒，但中間添加的調味料或添加物則可能造成問題。尤其是做為食品保溼劑的丙二醇（Propylene Glycol），有報告指出會對貓咪造成溶血性貧血因此禁止使用。由於大部分飼主並不會去仔細閱讀寵物食品上的標籤，所以有時會因為不知道食物中有這些添加物而餵給寵物。

而可以給狗狗或貓咪吃的食物，或者應該說「只要正確餵食就不會有問題的食物」，則包括沒有進行調味的肉、魚、蛋、蔬菜、水果等食材。不論是哪一種分成少量餵食都算是不錯的零食，但若是餵食過多也有可能造成健康危害，所以也要特別注意。

### 不適合給狗狗和貓咪吃的食物

| 食物 | 問題點 |
|---|---|
| 蔥類（洋蔥、長蔥等） | 中毒（血尿、喘氣等症狀） |
| 巧克力 | 中毒（嘔吐、下痢、心悸、發抖等症狀） |
| 甲殼類（生） | 中毒（神經症狀等） |
| 生蛋的蛋白 | 生物素缺乏症 |
| 肝臟 | 維生素A過量 |
| 骨頭 | 造成消化器官或牙齒的負擔 |
| 調味料（鹽、糖、刺激物） | 造成腎臟或心臟的負擔、糖尿病、胃腸不適等 |
| 糕點 | 嘔吐、下痢、急性胰臟炎 |
| 咖啡、紅茶、酒 | 中毒症狀（心律不整等） |
| 罐裝果汁 | 肥胖 |
| 丙二醇 | 溶血性貧血（貓咪） |
| 木糖醇 | 痙攣、低血糖、運動失調、嘔吐、肝衰竭 |
| 【只有貓咪】鮪魚（生） | 維生素E缺乏症 |
| 【只有貓咪】生魚（鯛魚、鰤魚） | 維生素$B_1$缺乏症 |

## 避免餵食過多的肝臟！

　　很多狗狗和貓咪都很喜歡吃肝臟，所以經常可見飼主有餵食過多的情形。可是肝臟內含有豐富的維生素A，會蓄積在寵物的肝臟內，若攝取過量有可能會引起中毒。除了極少量的肝臟就含有高濃度的維生素A之外，市售的寵物食品不同品牌的維生素A含量也不盡相同。如果是以寵物飼料為主食的話，即使只是把肝臟當作零食，一星期也要限制在1～2次以內，且只能餵食極少的量。

**雞肝與雞里肌肉的比較**

|  | 能量 | 蛋白質 | 脂肪 | 維生素A |
|---|---|---|---|---|
| 雞肝40公克 | 44大卡 | 7.6公克 | 1.2公克 | 5600微克 |
| 雞里肌肉40公克 | 42大卡 | 9.2公克 | 0.3公克 | 2微克 |

## 重 點 整 理

□動物以什麼樣的食物為食稱之為食性

□動物對什麼樣的食物會表示興趣稱之為食物喜好（嗜口性）

□人類為雜食性動物，狗狗為偏雜食性的肉食性動物，貓咪為完全肉食性動物

□食性不同，口腔內的構造與食物喜好也會有所不同

□味覺分為五種，即甜味、鹹味、苦味、酸味和鮮味

□狗狗及貓咪喜歡脂肪味與鮮味

□貓咪幾乎沒有感受甜味的味蕾，喜歡酸味

□狗狗擁有感受甜味的味蕾（但沒有人類那麼多），所以喜歡甜味

□苦味在自然界是一種表示危險的味道，所以動物不喜歡

□真正的食物喜好是由經驗所決定的

□狗狗和貓咪不喜歡太過黏稠的口感

□狗狗和貓咪無法代謝的食物會造成中毒

□蔥類及巧克力是會引起狗狗和貓咪中毒症狀的代表性食物

## 第1章 練習問題

※解答及解說在 P 44～

**1** 有關維持生存的基本身體系統，請填寫以下①、②畫底線的兩個空格。

將① _____ 吃進去，將② _____ 排出來。

**2** ①為哪些物質？

_____ 與 _____

**3** ②為哪些物質？

_____ 與 _____

**4** 請列出四種食物對身體造成的影響。

_____    _____    _____

**5** 請填入人類、狗狗和貓咪各自的食性。

人類：_____    狗狗：_____    貓咪：_____

**6** 狗狗和貓咪最喜歡的食物氣味是什麼？

_____

**7** 請依狗狗和貓咪對食物味道的喜好程度，依序填入◎、○、△、×。

|  | 狗狗 | 貓咪 |
|---|---|---|
| 甜味 |  |  |
| 酸味 |  |  |
| 鹹味 |  |  |
| 苦味 |  |  |
| 鮮味 |  |  |

**8** 六大營養素是哪六種？

| | | | | | |
|---|---|---|---|---|---|
| | | | | | |

**9** 請填入三大營養素及各營養素每1公克所含的熱量。

| 三大營養素 | 大卡 / 公克 |
|---|---|
| | |
| | |
| | |

**10** 請填入三大營養素及各自構成的分子名稱。

| 三大營養素 | 分子名稱 |
|---|---|
| | |
| | |
| | |

**11** 請回答三大營養素各自的消化酵素及狗狗與貓咪體內的分泌部位。

| 三大營養素 | 酵素名稱 | 分泌部位 |
|---|---|---|
| | | |
| | | |
| | | |

**12** 加水後產生的化學反應稱為什麼？

_____

**13** 請依食物通過的順序回答有哪些消化器官？

口腔→＿＿＿＿＿＿＿→ ＿＿＿＿＿＿＿→＿＿＿＿＿＿＿→＿＿＿＿＿＿＿→肛門

**14** 營養的吸收是在哪一個消化器官內進行？

_____

**15** 脂肪的消化吸收除了需要消化酵素外，還需要哪種物質進行什麼作用？

_____ 的 _____ 作用

**16** 植物中的貯存能量與動物體內的貯存能量分別叫做什麼？

植物中的貯存能量： _____

動物體內的貯存能量： _____

**17** 請填入膳食纖維的分類，並將各自的主要功能以下列代號填入適當空格中。

| 膳食纖維之分類 | 主要功能 |
|---|---|
| ＿＿性膳食纖維 | |
| ＿＿性膳食纖維 | |

a 提供飽足感

b 刺激腸道的蠕動運動

c 形成糞便

d 有助於腸道內環境的正常化

**18** 三大營養素中，含有氮（N）的是哪一種營養素？

_____

**19** 必須從食物中攝取並構成⑱題答案的分子稱為什麼？

_____

**20** 貓咪缺乏時會造成心臟或視網膜疾病的⑲題答案是什麼？

_____

**21** 請將表格內兩種油脂的來源從下列選項選出適當的答案填入空格中。

| 分類 | 來源 |
|---|---|
| 動物性油脂 | |
| 植物性油脂 | |

選項：魚油、豬油、棕櫚油、紅花籽油、奶油、雞油、大豆油

**22** 狗狗可以在體內從亞麻油酸合成，但貓咪卻因為不能合成而成為必需脂肪酸的omega-6脂肪酸是哪一種？

_____

**23** 魚油中所含的omega-3脂肪酸（EPA）有什麼功能？

減輕 _____

**24** 請將維生素的分類填入下表中。

| 分類 | 種類 |
|---|---|
| ____性維生素 | 維生素A、D、E、K |
| ____性維生素 | 維生素B群、C |

**25** 攝取過量時會造成中毒的維生素是哪些？

維生素 _____ 與 維生素 _____

**26** 人類無法在體內合成，而狗狗和貓咪可以在體內合成的維生素是什麼？

_____

**27** 請回答巨量礦物質有哪些？

| | | | | | |
|---|---|---|---|---|---|
| | | | | | |

**28** 發育期的大型（或超大型）犬種，若攝取過量可能會造成骨骼發育障礙的是哪一種礦物質？

_____

**29** 請從下列選項選出會妨礙礦物質吸收的因素並圈選號碼。

①草酸　　②植酸　　③膳食纖維　　④草酸、植酸、膳食纖維

**30** 為了計算出狗狗和貓咪的每日能量需求量（DER）所根據的RER是什麼？

_____

**31** 請回答兩種DER的計算公式。

① _____（根據體重的計算方法）
② _____（根據體表面積的計算方法）

**32** 利用上題第二種計算公式，體重12公斤、係數1.6的狗狗其DER是多少？

（答案請將小數第一位四捨五入）

算式 _____　答案 _____ kcal／日

**33** 乾飼料的 ME ＝ 368 kcal／100g 時，㉜題的狗狗所需要的每日餵食量為多少？

（答案請將小數第一位四捨五入）

算式 _____　答案 _____ 公克

**34** 第㉜題之狗狗的每天水分需求量為多少？

_____

**35** 請從下列選項圈選出兩種可能會造成中毒所以不能給狗狗或貓咪吃的食物。

蛋　　起司　　白蘿蔔　　蔥類　　香腸　　巧克力　　牛奶

解答 & 解説

**1** ①必要物質　②非必要物質

解説　維持生存的基本生理系統就是從飲食中攝取必要的物質，並將非必要的物質透過尿液或糞便排出體外。高品質且消化吸收性好的飲食，排泄量也會比較少。

**2** 營養素　與　能量

解説　從食物攝取到的並非只有營養，而且如果攝取了營養素卻連利用營養素所需的能量都沒有的話，就無法啟動身體這座「工廠」。所以含有能成為能量來源之營養素的食物，是維持生命不可或缺的物質。

**3** 代謝產物　與　有害物質

解説　代謝過程所產生的代謝產物，以及體內無法處理的化學物質等，身體透過將這些物質排出體外來維持體內的恆定性。

**4** 肉體健康、心理健康、性格、行為

解説　從飲食攝取到的營養與能量不只是單純填飽肚子，同時也會對這些層面帶來影響，這一點不論在人類、狗狗還是貓咪都是一樣的。

**5** 人類：**雜食性**　　狗狗：**偏雜食性的肉食性**　　貓咪：**完全肉食性**

解説　動物的食性、牙齒的形狀及數量、消化道的長短，彼此間都有關連，須整體一併了解。

**6** 脂肪味

解説　肉食性動物很喜歡脂肪的氣味，在健康的狀態下通常會喜歡脂肪比例高的食物。

**7**

|  | 狗狗 | 貓咪 |
|---|---|---|
| 甜味 | ◎ | × |
| 酸味 | ○ | ◎ |
| 鹹味 | △ | △ |
| 苦味 | × | × |
| 鮮味 | ◎ | ◎ |

味覺也反映出動物的食性。苦味在自然界通常是代表危險的味道（例如毒物），所以不論是狗狗還是貓咪都不喜歡。另一方面，過去的經驗有時候也決定了動物的食物喜好。

**8**

| 碳水化合物 | 蛋白質 | 脂質 | 維生素 | 礦物質 | 水 |
|---|---|---|---|---|---|

解説　聽到六大營養素時，要回答「脂質」而非脂肪，所謂脂肪指的是食物中含量豐富的脂質。

**9**

| 三大營養素 | 大卡 / 公克 |
|---|---|
| 碳水化合物 | 4 |
| 蛋白質 | 4 |
| 脂質 | 9 |

解説　掌握各個營養素所含的能量，在飲食管理上非常重要，請務必要記清楚。

**10**

| 三大營養素 | 分子名稱 |
|---|---|
| 碳水化合物 | 葡萄糖 |
| 蛋白質 | 胺基酸 |
| 脂質 | 甘油、脂肪酸 |

解説　在構成碳水化合物的單醣中最重要的就是葡萄糖，與血糖控制息息相關，且是生物體不可或缺的單醣。

**11**

| 三大營養素 | 酵素名稱 | 分泌部位 |
|---|---|---|
| 碳水化合物 | 澱粉酶 | 胰臟 |
| 蛋白質 | 蛋白酶 | 胃、胰臟 |
| 脂質 | 脂肪酶 | 胰臟 |

解説　雖然人類的唾液中含有澱粉酶，但狗狗和貓咪卻沒有，因此在狗狗和貓咪的飲食中，使用消化性佳的碳水化合物是很重要的一環。此外，只要記住胰臟是能分泌各種消化酵素的臟器，對於理解臨床營養學會很有幫助。

**12** 水解反應

解説　體內各式各樣的化學反應都需要水的參與，被水及蛋白酶分解後的蛋白質稱為水解蛋白質。

**13** 口腔 → 食道 → 胃 → 小腸 → 大腸 →肛門

解說 了解消化道的各個名稱及其功能後，在動物生病時才會知道該如何應對及如何進行必要的飲食調整。

**14** 小腸

解說 小腸未吸收的營養素或未消化物會送到大腸，所以也會影響到腸道內的環境。因此選擇小腸能充分吸收與消化的飲食非常重要。

**15** 膽汁 的 乳化作用

解說 在體內要發生化學反應就需要有可溶於水的媒介，但因為脂質無法溶於水裡，所以必須藉由膽汁的乳化作用讓分子變小，增加與消化酵素的接觸面積。

**16** 植物中的貯存能量：澱粉

動物體內的貯存能量：肝醣

解說 生物體內為了把能量貯存起來會將單醣再度結合，在植物中為澱粉，在動物體內則為肝醣。

**17**

| 膳食纖維之分類 | 主要功能 |
|---|---|
| 水溶性膳食纖維 | a、d |
| 不溶性膳食纖維 | b、c |

解說 腸道擁有免疫功能，所以維持腸道內環境的正常化是健康管理很重要的一環。也因此了解膳食纖維的基本功能及特性，同時去調查一下哪些食物的含量較為豐富，在提供建議給飼主時會很有幫助。

**18** 蛋白質

解說 蛋白質是由碳（C）、氫（H）、氧（O）以及含氮（N）的分子所構成，在蛋白質的消化過程中會產生氨（NH3）。

**19** 必需胺基酸

解說 人類有9種必需胺基酸，狗狗還多了一種精胺酸共10種，貓咪則是多了精胺酸及牛磺酸共11種。

**20** 牛磺酸

解說 牛磺酸在視網膜及心肌中有豐富的含量，所以當牛磺酸不足時會引發貓咪的視網膜變性或心肌病。

**21**

| 分類 | 來源 |
|---|---|
| 動物性油脂 | 魚油、豬油、奶油、雞油 |
| 植物性油脂 | 棕櫚油、紅花籽油、大豆油 |

解説　豬油是豬的脂肪，牛的脂肪則稱為牛脂（tallow）。魚油雖然是動物性油脂但擁有如同植物性油脂一般的特性，而棕櫚油則屬於植物性油脂但擁有如同動物性油脂的特性。

**22**　花生四烯酸

解説　人類和狗狗可將omega-6脂肪酸中的亞麻油酸在體內轉變為花生四烯酸，但是貓咪不行，因此必須從飲食中攝取。此外只有動物性食物才含有花生四烯酸。

**23**　減輕發炎

解説　在亞麻仁油或紫蘇油等植物油內都含有omega-3脂肪酸，但要達到減輕發炎的作用則需要轉變成EPA。EPA在魚油中有豐富的含量，所以想要減輕發炎時可多攝取魚油。

**24**

| 分類 | 種類 |
|---|---|
| 脂溶性維生素 | 維生素A、D、E、K |
| 水溶性維生素 | 維生素B群、C |

解説　經常會有人把水溶性維生素及脂溶性維生素與膳食纖維的分類搞混，這一點請特別注意。

**25**　維生素A與維生素D

解説　脂溶性維生素會蓄積在肝臟及脂肪組織內，所以如果把雞肝等肝臟類食物當成零食時，有時可能會有維生素A攝取過量的問題，須特別注意。

**26**　維生素C

解説　狗狗和貓咪體內的肝臟可將葡萄糖合成維生素C，所以並沒有特別的標準攝取量。

**27**

| 鈣 | 磷 | 鎂 | 鉀 | 鈉 | 氯 |
|---|---|---|---|---|---|

解説 在人類的營養學中，會將硫也分類在巨量礦物質中，但狗狗和貓咪從肉類就能攝取到足量的含硫胺基酸，所以沒有放在巨量礦物質內。

**28** 鈣質

解説 由於大型犬或超大型犬的發育期比較長，營養過剩造成的快速發育可能會導致發育障礙，因此如果使用的是大型犬專用發育期飼料，就不可以再給予鈣質等營養補充品。

**29** ④

解説 由於礦物質無法單獨吸收，所以會受到各種因素所影響。除了答案之外，一起複習胃酸濃度、水分、蛋白質也是會妨礙礦物質吸收的因素。

**30** 靜止能量需求量

解説 所謂靜止能量需求量，是指當動物在適溫環境幾乎沒有活動量的狀態下正常生活時所需要的能量。狗狗和貓咪的話，RER是計算出每日能量需求（DER）的基礎。

**31** ① $30 \times$ 體重公斤數 $+ 70$（根據體重的計算方法）

② $70$（體重公斤數）$^{0.75}$（根據體表面積的計算方法）

**32** 算式 $70（12）^{0.75} \times 1.6 ≒ 451.3$　　答案　451　kcal／日

解説 電子計算機的按法為 $12 \times 12 \times 12 = \sqrt{} \sqrt{} \times 70 \times 1.6$。

**33** 算式 $451 \div 368 \times 100 = 122.6$　　答案　123　公克

解説 餵食量（g）的計算公式是DER÷ME（kcal/100g）×100。

**34** 451毫升

解説 以乾飼料為主食的時候，每天的水分需求量與DER大致相同，所以實際上答案應該是450毫升左右，不過為了確認學員是否了解水分需求量與DER相同，所以直接將數字後面的單位改為毫升。

**35** 蔥類、巧克力

解説 香腸或是會讓人聯想到乳糖不耐症的牛奶是容易讓人猶豫的答案，但它們並不會造成中毒。由於中毒是動物無法代謝時產生的現象，因此這裡的答案就是蔥類和巧克力。

第2章

# 寵物食品

目前市面上的寵物食品可說是琳瑯滿目，多到讓飼主難以選擇的地步。因此在選擇寵物食品時，通常是根據其價格、外觀、評價、暢銷程度、廣告、品牌、適口性等「印象式的資訊」來決定。不過，隨著寵物食品的多樣化以及網路上愈來愈多的資訊，讓飼主們在選擇時又變得更加困難。

在本章要學習的是，了解寵物食品到底是什麼樣的食物，以及寵物食品的選擇方法與餵食方式。

## ▷ 本章的學習重點 ◁

.....................................................

☐ 寵物食品的發展歷史與規定

☐ 寵物食品的製造方法

☐ 寵物食品的種類

☐ 寵物食品包裝上的標籤內容的判讀方法

☐ 寵物食品的選擇方法

☐ 餵食方法

☐ 根據不同生命階段在營養管理上的差異

☐ 其他類型的寵物食品

# 寵物食品的基本知識

## 寵物食品的起源

世界上第一批被製造及販賣的商業性寵物食品,是一八六〇年住在倫敦的美國人詹姆士‧斯普拉特所製作的狗食。由於在那之前,狗狗或貓咪的食物通常都是家中人類所吃的食物或殘羹剩餚,因此基於其便利性,該項商品在商業上大獲成功,並陸續開發了更多樣化的商品。在日本,寵物食品的普及是在第二次世界大戰之後。當時因為缺乏犬貓營養學的相關資訊,在營養均衡或商品品質方面都尚未成熟,比起健康管理,還是以填飽肚子為主要目的。不過到了現在,隨著獸醫學及營養學的發達,除了最基本的健康管理之外,寵物食品在疾病後的恢復期也發揮出很重要的作用。

而為了更進一步確立寵物健康與寵物食品的安全性,也成立了相關團體,訂定寵物食品製造時應有的營養與安全性標準。雖然在不同的國家或區域中各個團體的標準與規定有所不同,不過目前世界上最具權威性的團體為AAFCO(美國飼料管理協會)。該協會針對犬貓的發育／懷孕及維持期(成犬期/成貓期)所需營養的最低需求量與最高需求量之標準、標籤的標示內容、原料的定義等訂定標準,並且會在必要時更新相關資訊。

而在日本,則設有寵物食品公平交易協議會,負責推廣及教育寵物食品的安全性與品質改善。更進一步地,於二〇〇九年在日本農林水產省(相當於我國之農業委員會)與環境省(相當於我國之環境保護署)的主導下,施行了寵物食品安全法,讓民眾更加重視到寵物食品安全性與品質改善的重要性。

## AAFCO之營養標準(狗食／摘錄)

| 營養素 | 每1000大卡之最低營養含量(懷孕、泌乳、發育期) | DM※ | 每1000大卡之最低營養含量(維持期) | DM※ | DM※最高含量 | 每1000大卡最高含量 |
|---|---|---|---|---|---|---|
| 蛋白質 | 56.3g | 22.5% | 45.0g | 18.0% | | |
| 脂肪 | 21.3g | 8.5% | 13.8g | 5.5% | | |
| 　亞麻油酸 | 3.3g | 1.3% | 2.8g | 1.1% | | |
| 　α-次亞麻油酸 | 0.2g | 0.08% | 無標準含量 | 無標準含量 | | |
| 　EPA+DHA | 0.1g | 0.05% | 無標準含量 | 無標準含量 | | |
| 礦物質 | | | | | | |
| 　鈣 | 3.0g | 1.2% | 1.25g | 0.5% | 1.8% | 4.5g |
| 　磷 | 2.5g | 0.8% | 1.00g | 0.5% | 1.6% | 4.0g |
| 　鈣磷比 | 1：1 | 1：1 | 1：1 | 1：1 | 2：1 | 2：1 |

※ DM(Dry Matter):食物總重量扣掉含水量後的乾物質重量

## AAFCO之營養標準（貓食／摘錄）

| 營養素 | 每1000大卡之最低營養含量（懷孕、泌乳、發育期） | DM※ | 每1000大卡之最低營養含量（維持期） | DM※ | DM※最高含量 | 每1000大卡最高含量 |
|---|---|---|---|---|---|---|
| 蛋白質 | 75g | 30.0% | 65g | 26.0% | | |
| 脂肪 | 22.5g | 9.0% | 22.5g | 9.0% | | |
|   亞麻油酸 | 1.40g | 0.6% | 1.40g | 0.6% | | |
|   α-次亞麻油酸 | 0.05g | 0.02% | 無標準含量 | 無標準含量 | | |
|   花生四烯酸 | 0.05g | 0.02% | 0.05g | 0.02% | | |
|   EPA+DHA | 0.03g | 0.012% | 無標準含量 | 無標準含量 | | |
| 礦物質 | | | | | | |
|   鈣 | 2.5g | 1.0% | 1.5g | 0.6% | | |
|   磷 | 2.0g | 0.8% | 1.25g | 0.5% | | |
| 其他 | | | | | | |
|   牛磺酸（乾飼料） | 0.25g | 0.10% | 0.25g | 0.10% | | |
|   牛磺酸（罐頭） | 0.50g | 0.20% | 0.50g | 0.20% | | |

※DM（Dry Matter）：食物總重量扣掉含水量後的乾物質重量

## 製造方法

過去的乾飼料製造法，是利用類似烤餅乾的方式烘焙製造的，現在則是利用專用的擠壓機（extruder），可以在短時間內製造出大量乾飼料或半溼食，這種製造方法稱之為擠壓技術（Extrusion），在擠壓機內加熱調理後，只要更換成型時切斷用的模具形狀，就可以一次製作出

## 擠壓技術加工過程

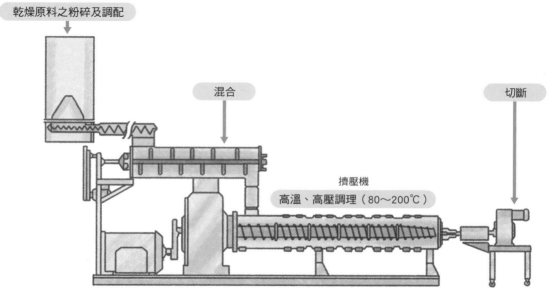

乾燥原料之粉碎及調配

混合

切斷

擠壓機
高溫、高壓調理（80～200℃）

各種不同形狀的乾飼料。此外，因為製作過程中以高溫（80～200℃）高壓進行加熱調理，所以擁有完全加熱、殺滅微生物，以及將營養破壞因子（例如酵素）去活性化等優點。但另一方面，在製造過程中可能發生的營養素流失，也可事先將流失的部分額外添加補足，將營養成分調整為符合營養標準的均衡比例。

**模具形狀與各種不同的乾飼料形狀**

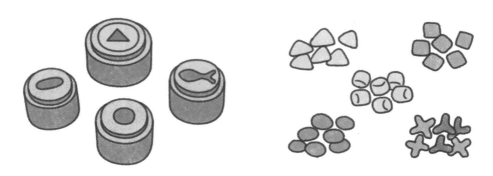

## ↘ 寵物食品的種類

　　寵物食品根據含水量跟形狀的不同，分為乾飼料、半溼食及溼食（罐頭、餐包）。而根據用途，則分類為「綜合營養食品」、「副食品」及「其他用途食品」。（譯註：此為日本寵物食品的標示。）

　　綜合營養食品是一種寵物只要有水及該種食品就能達到維持健康的目的，適合作為每日主食的寵物食品。符合AAFCO的狗狗或貓咪因應不同生命階段的營養標準。目前市面上販售的乾飼料全都屬於綜合營養食品，然而在罐頭或半溼食的商品中，有不屬於綜合營養食品的商品。

　　副食品指的是點心或零食，包括肉乾、小餅乾或潔牙骨等產品。其他用途食品中，則包括一般食品、副食品、營養保健食品，除此之外，還包括輔助疾病治療的處方食品。由於零食或副食品是著重在嗜口性而製作的寵物食品，並不適合作為主食。

　　不同生命階段適合的綜合營養食品，分為發育期、維持期及高齡期（譯註：我國常以幼犬／貓飼料、成犬／貓飼料、高齡犬／貓飼料分類），目前市面上販售的寵物食品，甚至還將各個生命階段之寵物食品再根據環境、氣溫、活動量、是否結紮等不同「生活型態」之變化，細分為不同產品。此外也有適合所有生命階段的綜合營養食品在販售，不過這種商品一般來說，可能對發育期的寵物會有營養或能量不足的情況，但對高齡期的寵物卻又有營養過剩的問題。

## 寵物食品的分類

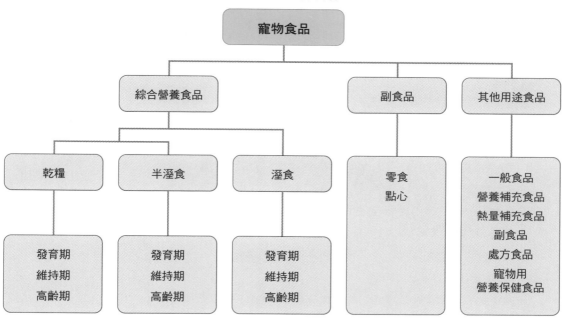

## 根據不同含水量之寵物食品分類

| 形狀 | 含水量（％） | 優點 | 注意事項 |
|---|---|---|---|
| 乾飼料 | 3～11 | 費用較低<br>開封後可在常溫下保存<br>少量即可攝取到必需的營養 | 必須攝取充分的水分<br>嗜口性好的飼料可能會造成貓咪肥胖 |
| 半溼食 | 25～35 | 費用較低<br>開封後可在常溫下保存<br>嗜口性佳 | 內含大量單醣及防腐劑<br>容易造成寵物肥胖 |
| 溼食（罐頭） | 72～85 | 嗜口性佳<br>可同時攝取到水分 | 開罐後很快會氧化<br>費用較高 |

### 愛吃的食物＝好食物!?

column

　　寵物食品的含水量不只會影響食物的形狀，也會影響到狗狗或貓咪的味覺。感受味覺的感應器味蕾，對於水分愈多且具有流動性的食物愈能強烈感受到它的味道，因此寵物食品的嗜口性是溼食最高，半溼食及乾飼料則較為一般。

　　飼主經常會以為「寵物愛吃的食物＝好的食物」，但牠們愛吃的食物通常是含水量高的一般食品或副食品，有些並非是綜合營養食品。也就是說，飼主應該要知道，不能僅以寵物愛吃與否作為選擇寵物食品的標準。

 **重　點　整　理**

☐ 第一位製造寵物食品的人，是住在倫敦的美國人詹姆士‧斯普拉特先生

☐ 訂定寵物食品之營養與安全性標準，目前世界上最具權威性的團體為 AAFCO（美國飼料管理協會）

☐ 日本負責推廣寵物食品之安全性與品質改善的協會，為日本寵物食品公平交易協議會

☐ 二〇〇九年起，日本農林水產省與環境省開始施行寵物食品安全法

☐ 利用擠壓技術，可大量生產乾飼料或半溼食

☐ 擠壓技術的優點是可以完全加熱、殺滅微生物、以及將營養破壞因子（如酵素）不活性化

☐ 因為擠壓技術而流失的營養素，可透過額外添加來保持營養的均衡

☐ 寵物食品根據形狀及含水量的不同，分為乾飼料、半溼食及溼食（罐頭、餐包）

☐ 乾飼料的含水量為 3 ～ 11%

☐ 以乾飼料為主食的時候，必須讓寵物攝取充足的水分

☐ 溼食的含水量為 72 ～ 85%

☐ 寵物食品根據其目的分為綜合營養食品、副食品及其他用途食品

☐ 綜合營養食品的目的是讓特定生命階段的寵物，在只要有水及該食品的情況下就能維持健康

☐ 目前市面上販賣的乾飼料全部都屬於綜合營養食品

☐ 市面上販售的半溼食及溼食中，也包含其他用途食品

☐ 溼食類的商品因為沒有添加抗氧化劑，因此在開封後 2 ～ 3 天內就要食用完畢

☐ 所謂不同生活型態的寵物食品，是根據寵物生活的環境、氣溫、活動量、或是否結紮等因素來分類

☐ 副食品指的是零食或點心

☐ 其他用途食品中，也包括輔助疾病治療的處方食品或寵物用營養保健品

☐ 由於一般食品比較著重在嗜口性而非營養是否均衡，因此並不適合作為主食

# 寵物食品的選擇

## ↘ 寵物食品的包裝與標籤

　　寵物食品的包裝上，登載著大量必要參考資訊供飼主作為選擇寵物食品的依據，分為主要標示欄及食品資訊標示欄。

　　主要標示欄中，根據AAFCO規定，廠商有義務標示出「犬用或貓用之寵物食品用途」、「產品名稱」、「淨重」，而食品資訊標示欄內，則應標示出「保證分析值」、「原料名稱」、「營養合理標示」、「餵食方法」、「製造業者或輸入、販賣業者之名稱」等內容。在日本，農林水產省在「寵物用飼料之成分規格等相關省令」中規定，寵物食品包裝上應標示「犬用或貓用之識別產品名稱、原料名稱、有效日期、製造業者、輸入業者或販售業者之姓名或名稱、地址及原產地」，日本寵物食品公平交易協議會則要求包裝上應標示「寵物食品之用途、內容含量、餵食方法、成分」等內容。除了這些標示之外，各家廠牌為了突顯自家產品的特殊性，也可另外登載更簡單易懂的內容或其他不同目的的多樣化資訊，但不論任何資訊，均必須具有高度可靠性與事實根據。

（譯註：我國動物保護法規定，寵物食品應以中文及通用符號，顯著標示下列事項於容器、包裝或說明書之上：

· 品名。

· 淨重、容量、數量或度量等；其淨重、容量或度量應標示法定度量衡單位，必要時，得加註其他單位。

· 所使用主要原料、添加物名稱。

· 營養成分及含量。

· 製造、加工業者名稱、地址及電話。輸入者並應加註輸入業者及國內負責廠商名稱、地址、電話及原產地。

· 有效日期或製造日期。

· 保存期限、保存方法及條件。

· 適用寵物種類、方法及其他應注意事項。

· 其他經中央主管機關公告指定標示之事項。

對於寵物食品所為之標示、宣傳或廣告，不得有不實、誇張或易生誤解之情形。）

## ↘ 寵物食品包裝上的主要標示

### ◆ 營養標示

　　犬用或貓用食品在符合AAFCO營養標準的情況下，可標示「綜合營養食品（complete and balanced）。

### ◆ 產品名稱

　　以使用比例最高的原料為產品名稱，若雞肉的比例最高則產品名稱即為「雞肉」。另一方面，若標示為「內含雞肉、雞肉風味、雞肉味」時，則表示雞肉含量僅有狗狗或貓咪可感受到氣味的3%以下（AAFCO）或5%以下（日本寵物食品公平交易協議會）。

### ◆ 淨重

　　除去包裝之外的內容物重量。

## ↘ 食品資訊標示

### ◆ 保證分析值（或保證成分分析）

　　日本寵物食品公平交易協議會規定，應標示粗蛋白質、粗脂肪、粗纖維、粗灰分及水分五種成分。粗蛋白質與粗脂肪應標示為多少百分比（～％）以上，其他則標示為多少百分比以下。「多少百分比以上」即表示廠商保證產品內至少含有多少百分比的該成分。而「粗～」是表示使用的分析方法不同，而非指營養成分的品質。此外，因為AAFCO並未規定要標示粗灰分，所以有些外國產品的包裝上不會有粗灰分的標示。

### ◆ 原料名稱

　　將產品中使用的所有原料依使用量的多寡依序列出。

◆ 營養合理標示

　　針對不同生命階段或生活型態的狗狗或貓咪，應標示出產品所含之營養成分是否滿足牠們的必需營養需求，並標示出可證明前項事實之方法。AAFCO只是訂定營養標準的團體，並未執行任何認證試驗。

◆ 製造業者或輸入、販賣業者之地址、姓名

　　包裝上之地址應詳細記載至郵遞區號，電話號碼則未規定要記載。

◆ 有效日期

　　在未開封且依照指示之保存方式保存的狀態下，保證產品營養及口味的期限。

◆ 原產地國家

　　應記載在製造過程中對寵物食品內容進行實際變更之加工國家名稱。重貼新標籤、變更容器或包裝等行為並不屬於實際變更食品內容之加工。

## 寵物食品標籤之範例

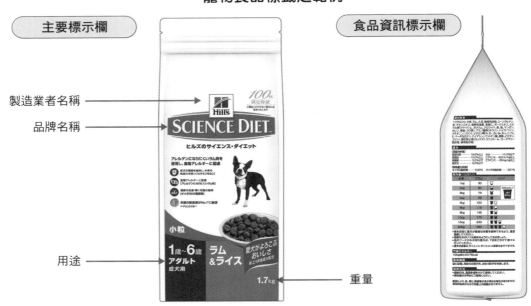

主要標示欄

製造業者名稱

品牌名稱

用途

食品資訊標示欄

重量

### 食品資訊標示欄詳細內容

原料：玉米、小麥、羊肉、大豆、動物性油脂、米、雞肉萃取物、植物性油脂、亞麻仁、米、豬肉萃取物、礦物質（鈉、鉀、氯化物、銅、鐵、錳、硒、鋅、碘）、維生素類（A、$B_{11}$、$B_2$、$B_6$、$B_{12}$、C、$D_3$、E、$\beta$-胡蘿蔔素、菸鹼酸、泛酸、葉酸、生物素、膽鹼）、胺基酸類（牛磺酸、離胺酸）、抗氧化劑（混合維生素E、迷迭香抽出物、綠茶抽出物）

保證分析值　　粗蛋白質　19.5%以上　　　粗脂肪　　13.0%以上
　　　　　　　粗纖維　　3.0%以下　　　　粗灰分　　6.0%以下
　　　　　　　水分　　　10.0%以下　　　　代謝能量　375kcal/100g

### 建議餵食量（每天：公克）

| 體重 | 1kg | 2kg | 3kg | 4kg | 5kg | 6kg | 8kg | 10kg | 15kg | 20kg |
|---|---|---|---|---|---|---|---|---|---|---|
| 餵食量 | 30 | 50 | 70 | 85 | 100 | 115 | 145 | 170 | 230 | 285 |

### 營養標示／營養合理標示

綜合營養食品【狗食】
本商品經寵物食品公平交易協議會認可之餵食試驗證明，為成犬用之綜合營養食品。
符合AAFCO（美國飼料管理協會）之成犬用餵食標準。

**有效日期**　　前二位數字為月分，後四位數字為年分。　例 052016（2016年5月）

**製造業者之地址、名稱**　　日本希爾思・高露潔有限公司
　　　　　　　　　　　　　　102-0084東京都千代田區二番町5-25
　　　　　　　　　　　　　　二番町中心大樓7樓

## ↘ 寵物食品的選擇方法

要選出適合動物個體的寵物食品，就必須比較和考量從寵物食品標籤上得到的資訊。而應該要看標籤的哪些內容、可以從這些內容得到哪些訊息，以及其中要特別注意的地方，可從以下幾點著眼。

### ① 確認是否為狗狗專用（或貓咪專用）的綜合營養食品

飼主應該為狗狗或貓咪選擇綜合營養食品作為每日的主食。而雖然罐頭或餐包的外觀看起來相似，但其實其中有很多並非綜合營養食品，這種現象在貓咪的產品中尤為常見，因此購買之前請確實閱讀標籤內容。長期餵食這一類的寵物食品會讓寵物因為營養過剩或不足而影響到健康，而且還可能發生寵物因此偏食而導致生病時難以轉換食物等不利於照顧的情形。

### ② 確認標籤上的用途標示

在選擇寵物食品時，應選擇符合寵物目前生命階段或生活型態之營養需求的產品。例如室內飼養專用、體重管理專用或比賽專用等各式各樣用途之產品市面上均有販售，各自含有必要的營養配方或機能性成分。

### ③ 認明產品名稱

狗狗或貓咪的飲食管理中，最重要的就是確認其蛋白質來源是什麼。以AAFCO的規定來說，比較常見的為25％原則，也就是佔了所有原料25％以上比例的原料可作為產品名稱。例如原料中雞肉佔了25％以上的話，產品名稱即可稱為「雞肉」、羊肉和米佔了25％以上時則可標示為「羊肉和米飯」。

另外在日本寵物食品公平交易協議會的規定中，只要是使用5％以上的原料即可作為產品名稱。因此在購買時，同時看清楚產品名稱及原料

成分，確認其中所使用的蛋白質來源是非常重要的一環。尤其是有食物過敏情況的寵物，如果在選擇寵物食品時只憑產品名稱選擇，很可能原料中還是會有過敏原蛋白質的存在。

### ④ 確認所使用的原料成分

從原料標示中，確認蛋白質來源、碳水化合物來源、脂肪來源及膳食纖維來源為哪些成分。三大營養素構成了寵物食品中的能量來源，而膳食纖維則攸關食物的消化性與吸收性。尤其是蛋白質，對身為肉食性動物的狗狗和貓咪來說，可說是最重要的營養素。一般來說，動物性蛋白質比植物性蛋白質更容易吸收及消化，因此如果是把動物性蛋白質來源列在原料成分中第一項至第二項的乾飼料，或列在第一項的溼食，可以認為是比較高品質的綜合營養食品。

### ⑤ 確認保證分析值

透過保證分析值可了解該產品的營養組成或營養特性。要知道寵物食品的營養組成，就要確認其粗蛋白質、粗脂肪、粗纖維、粗灰分及含水量。雖然只要是綜合營養食品其配方都會去符合AAFCO的營養標準，但其中配方的比例除了針對不同生命階段或生活型態的產品會有所差異外，每種產品也都會有所不同，為了找出最適合寵物個體的寵物食品，就必須針對這些資訊一一加以比較，以下就來說明閱讀這些資訊時須注意的重點。

### ◆ 粗蛋白質（～％以上）

由於蛋白質為必需營養素，所以AAFCO規定的標示方式為「～％以上」，表示廠商保證產品內至少含有最低含量以上的蛋白質。由於發育期狗狗的蛋白質最低需求量為22.5％（DM）、貓為26.0％（DM），維持期狗狗的蛋白質最低需求量為18.0％（DM）、貓為26.0％（DM），所以綜合營養食品的配方都會去符合這項需求。

然而當寵物身體的消化吸收率較差（＝排便量較多）時，或是攝取量較少的時候，有時會無法從飲食攝取到必需的蛋白質量，因此在綜合營養食品（乾飼料）的保證分析值方面，維持期的狗狗最好能在23％左右，發育期的狗狗則應該要27％左右，至於貓咪則是所有生命階段的產品都最好要有30％以上的蛋白質。

◆ 粗脂肪（～％以上）

AAFCO規定的粗脂肪標示方式為保證含有最低含量的「～％以上」。以犬貓的最低需求量來說，發育期狗狗為8.5％（DM）、貓咪為9.0％（DM），維持期狗狗則為5.5％（DM）、貓咪則為9.0％（DM）。由於脂肪的吸收率比蛋白質或碳水化合物還要高，即使食物的總能量相同，其中若源自脂肪的能量較多，寵物的體重仍會變得比較容易增加。雖然高脂肪的寵物食品擁有嗜口性佳、餵食量少即可滿足能量需求的優點，但另一方面也有部分犬種或貓種的體質無法耐受高脂肪的食物。因此在綜合營養食品（乾飼料）的保證分析值方面，發育期的狗狗最好為18％左右，維持期的狗狗為15％左右，至於貓咪則是所有生命階段的產品都最好含有20％左右的脂肪。

◆ 粗灰分（～％以下）

所謂灰分，指的是物質在燃燒後從殘餘灰燼中測定到的礦物質成分含量，來自於英語中的「ash（灰）」，這項數值在寵物食品中一般作為鎂含量的指標。特別是鎂含量高的寵物乾飼料，在飲水量較少的狗狗或貓咪身上經常會引發尿路的磷酸銨鎂結石，因此確實掌握飼料中的灰分含量對於結石的預防或防止復發也十分有用。

由於AAFCO並未規定一定要標示出灰分的含量，所以有些產品包裝上並不會有標示出這項數值，不過一般來說優質的乾飼料其灰分含量大約在7％左右。若寵物過去曾有過泌尿道結石的病史，那麼即使寵物食品的原料成分看起來品質

## 經常用在商業用寵物食品的原料

| 營養素 | | 代表性的使用原料 |
|---|---|---|
| 蛋白質來源 | | 牛肉、羊肉、雞肉、火雞肉、魚、肝臟、肉類副產品（肺臟、脾臟、腎臟）、乾燥酵母、雞肉粉、雞肝粉、雞副產品粉、玉米麩質粉、乾燥蛋、魚粉、羊肉粉、肉類副產品粉、禽肉粉、大豆、大豆粉等 |
| 脂質來源 | 動物性油脂 | 雞油、牛油、家禽類脂肪、魚油等 |
| | 植物性油脂 | 大豆油、葵花油、玉米油、亞麻仁油、植物油等 |
| 碳水化合物來源 | | 米粉、糙米、玉米、發酵用米、大麥、高粱、馬鈴薯、木薯、小麥粉等 |
| 膳食纖維來源 | | 甜菜渣、纖維素、豆腐渣、花生殼、麥麩、米糠、大豆纖維 |
| 維生素／礦物質來源 | | 混合維生素E、維生素B₆、維生素B₁、氯化鉀、碳酸鈣等 |
| 抗氧化劑 | 化學合成 | BHT、BHA、乙氧基喹因（ethoxyquin）、亞硝酸鈉等 |
| | 天然來源 | 維生素C、生育醇（維生素E）、迷迭香萃取液等 |

很好，最好還是要避免灰分含量高的產品。由於穀類或豆類的外殼部分含有豐富的鎂，所以如果是含有較多這一類原料（排在原料成分中的前方）的產品，通常灰分含量也會比較高。

◆ 粗纖維（～％以下）

寵物食品中實際含有的纖維量，通常比包裝上標示出來的數值還要高，這是因為水溶性膳食纖維在纖維萃取過程中已溶解的緣故。因此所標示出的纖維含量，可把它當成纖維素的含量。屬於不溶性膳食纖維的纖維素能促進腸道的蠕動運動，具有促進排便的功能，因此會影響寵物的排便量與排便次數。一般來說綜合營養食品的纖維含量大約在 3 ～ 5％左右。

不過，根據纖維的種類或動物的個體差異，腸內環境適合的纖維量也會有所不同，若飲食中的纖維含量過高超出所需分量，會使蛋白質或鈣質等營養素的吸收率下降。此外，對貓咪來說有時也有可能會降低嗜口性，造成食慾不振或便祕的情形發生。

◆ 水分（～％以下）

寵物食品中的含水量，只要有些微的不同就會影響到營養濃度及嗜口性。由於水無法提供能量，因此含水量愈多食品的營養濃度就愈低，但嗜口性則會增加。

由於餵食量是基於每日能量需求量計算出來的，所以營養濃度愈低餵食量也會變得愈多，而這一點則關係到寵物的消化吸收能力與飼主的經濟負擔能力。

也因此在比較不同產品的營養濃度時，是以乾物量（DM：Dry matter）來進行比較，也就是只去除水分後，能提供能量及營養素的部分相比。而保證分析值（成分分析）中所登載的百分比，指的是餵食時（AF：As Fed）的含量，因此也包含水分在內。所以如果是將適用於同一種生命階段或生活類型的寵物乾飼料及溼食拿來比較的話，就會發現乾飼料看起來含有較多的營養。對於不知道這一點的飼主來說，很容易誤會溼食是低熱量的飲食，而在平常的餵食量之外又隨意地額外添加，這也是讓寵物容易肥胖的原因之一。

要確實對寵物食品進行比較，就必須比較乾物量中的營養濃度及性價比，這一點在患病動物必須限制某些特定營養素的飲食管理上，也十分重要。

## 寵物食品中的乾物量（DM）

*column*

當保證分析值中所標示的粗蛋白質為25％的時候，就表示100％中含有25％，也就是100公克中有25公克的意思，所以含量比率的計算方式為25公克÷100公克×100＝25％

乾物量指的是從100％扣掉含水量後的全體重量，所以若含水量為10％時，乾物量中的含量比率為25÷（100−10）×100＝27.8％。

總結來說，乾物量的算法，可利用保障分析值（％）÷（100−含水量）×100計算出來。

# 寵物食品中所使用之蛋白質來源的定義

column

在寵物食品製造過程中所使用的蛋白質來源,可分為生鮮原料及乾燥過的原料。在 AAFCO 的規定中,針對這些原料有下列的定義:

## 生鮮原料

寵物食品製造過程中使用到的生鮮原料有以下四種種類:

**Meat（肉）**

必須以哺乳動物的骨骼肌為主,也可包括舌頭、肺臟、心臟、食道等部位之骨骼肌。可包含肌肉附帶的皮膚、脂肪、軟骨或其他組織,但不可帶骨。若未指名是何種動物的肉而僅標示「肉」時,所使用的肉只能為牛肉、豬肉、羊肉、山羊肉。哺乳類動物以外的禽類或魚類不可標記為「肉」,必須登載可供識別的名稱。

**Meat By-products（肉類副產品）**

哺乳動物之肉以外的部分,包含肺臟、脾臟、腎臟、腦、肝臟、血液、骨、胃、腸、脂肪組織等。

**Poultry（禽肉）**

帶骨或去骨之家禽的肉及皮,不含羽毛、頭部、腳及內臟。若使用特定禽肉,可標示出「雞肉」或「火雞肉」等內容。

**Poultry By-products（禽類副產品）**

禽肉以外的部分,包含肺臟、脾臟、腎臟、腦、肝臟、血液、骨、胃、腸、脂肪組織等。

## 乾燥過的原料

在進入寵物食品製造工廠之前,經過其他高溫高壓處理殺滅有害細菌,同時去除大部分水分及脂肪而製造出的蛋白質與礦物質濃縮原料。

**Meat Meal（肉粉）**

去除血液、毛髮、蹄、角、反芻動物胃內容物及糞便後的動物組織經加工精製後的產物。有時也包括牛、豬、山羊、羊以外的動物。若來源限定為牛或豬可標示為牛肉粉或豬肉粉。

**Meat and Bone Meal（肉骨粉）**

帶骨之肉粉。

**Poultry By-product Meal（禽類副產品粉）**

除家禽類羽毛外的頸部、腳、未成形蛋、腸等部位粉碎加工後之產物。過程中會將水及脂肪去除,有時仍會含有少許無法處理乾淨的羽毛。

**Poultry Meal（禽肉粉）**

禽肉乾燥處理過的原料。

**Corn gluten meal（玉米麩質粉）**

來自玉米的麩皮,去除澱粉、胚芽後將剩餘的部分乾燥處理後的植物性蛋白質來源。

## 透過乾物量（DM）來進行寵物食品比較

### Q1

以下三種商品A、B、C，價錢均為80公克100日圓，請問其中哪一種商品的營養濃度及性價比最高？

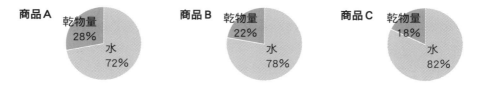

商品A 乾物量28% 水72%　　商品B 乾物量22% 水78%　　商品C 乾物量18% 水82%

### A1 商品A

由於含水量較少的寵物食品就等於提供營養及能量的乾物量部分較多，所以在同樣重量和價錢的商品中，性價比比較高。

### Q2 乾飼料A與乾飼料B的蛋白質含量是相同的嗎？

| 商品 | 粗蛋白質（～%以上） | 水分（～%以下） |
|---|---|---|
| A | 25.0% | 10.0% |
| B | 25.0% | 11.5% |

乾物量計算

A：25÷（100−10）×100 ＝ 27.8%

B：25÷（100−11.5）×100 ＝ 28.2%

### A2 商品B的含量較高

即使保證分析值相同，只要含水量不同乾物量中的含量比率也就會不一樣。另一方面，只要含水量有些許的不同就會影響到寵物食品的嗜口性。

### Q3 比起乾飼料，溼食的蛋白質比較少嗎？

| 商品 | 粗蛋白質（～%以上） | 水分（～%以下） |
|---|---|---|
| 乾飼料 | 25.0% | 10.0% |
| 溼食 | 9.0% | 82.0% |

乾物量計算

乾飼料　25÷（100−10）×100 ＝ 27.8%

溼食　　9÷（100−82）×100 ＝ 50.0%

### A3 溼食的蛋白質含量比乾飼料還高。

在綜合營養食品中，即使是同樣生命階段或生活型態的商品，一般來說溼食的營養成分會比較偏向高蛋白質及高脂肪。

**代謝能量（kcal／100g）決定餵食量的差異**

即使是同一種用途的寵物食品，也會因營養成分及消化吸收率不一樣，使代謝能量有所差異。讓我們計算比較一下這對餵食量有什麼影響吧。

**重點 1**

三種成犬用乾飼料（綜合營養食品）在滿足 DER ＝ 280 大卡的情況下之餵食量比較

| 成犬用乾飼料 | A | B | C |
|---|---|---|---|
| 代謝能量（kcal／100g） | 300 | 350 | 400 |

寵物食品 A 之餵食量　　280÷300×100 ≒ 93g
寵物食品 B 之餵食量　　280÷350×100 ＝ 80g
寵物食品 C 之餵食量　　280÷400×100 ＝ 70g

　　由此可知，代謝能量高的產品，每天的餵食量（公克）就會比較少。有些食量小的小型犬貓，如果給予餵食量多的飼料，可能會因為吃不完而沒有攝取到足夠的營養與能量。

**重點 2**

三種成貓用溼食（綜合營養食品）在滿足 DER ＝ 200 大卡的情況下之餵食量比較

| 成貓用溼食 | D | E | F |
|---|---|---|---|
| 代謝能量（kcal／100g） | 60 | 75 | 90 |

寵物食品 D 之餵食量　　200÷60×100 ≒ 333g
寵物食品 E 之餵食量　　200÷75×100 ≒ 267g
寵物食品 F 之餵食量　　200÷90×100 ≒ 222g

　　由於溼食的含水量較多，不同代謝能量的商品在餵食量上的差異會比乾飼料更大。此外溼食並不適合採取自由任食的餵食方式，無法讓寵物每次只吃一點點，所以選擇代謝能量高的商品，可以減少餵食次數但又能攝取到足夠的營養與能量。

## 豆腐渣對狗狗和貓咪來說是好的食物還是不好的食物？ column

大豆所含的蛋白質，是植物性蛋白質中生物價很高的蛋白質，也經常作為寵物食品中的蛋白質來源。

不過，也有寵物因為飼主在飼料中添加了豆腐渣而出現軟便、下痢、脹氣等問題，原因之一很可能是大豆內所含的膳食纖維在腸道內過度發酵而造成的。雖然膳食纖維的發酵對於腸道的健康很重要，但過度發酵也是造成腸道內環境紊亂的原因。此外，由於膳食纖維的特性是吸水後會膨脹，吃過馬上就會有飽足感，所以也有寵物因為無法吃到足量的飼料而導致營養不良的案例。因此若想在飼料中額外添加某些食物時，請記得要先了解食材的性質，以合理的方式添加才不會造成健康上的問題。

### ⑥ 代謝能量（ME kcal / 100 g）

在寵物食品的標籤上，會標示出每100公克食品的ME（代謝能量）為「400kcal／100g」之類的訊息。而這個代謝能量是指排除掉排泄到糞便中或尿液中的能量後，身體實際可以利用的能量，所以也可作為消化吸收率的標準。也就是說，當兩種寵物食品的保證分析值相同但代謝能量不同時，代謝能量較高的商品其消化吸收率也

比較高。此外，代謝能量高的寵物食品一般來說建議的餵食量也比較少，更適合食量少的小型犬貓。若是食量大的犬種或大型犬，即使代謝能量較低也可用增加餵食量來符合原來的DER。乾飼料的代謝能量標準為，發育期狗狗是400大卡（DM）左右，貓咪是450大卡左右，維持期的犬貓則都為350～400大卡（DM）。

## 寵物食品的總能量 column

在寵物食品當中，也有部分商品並未標示出代謝能量。這個時候可利用一般食品的總能量計算方法，計算出大概的總能量。只不過蛋白質、脂肪及碳水化合物的能量換算並非4大卡、9大卡及4大卡，而是3.5大卡、8.5大卡及3.5大卡。這是因為寵物食品所使用原料的生物價與人類食品有所差異的關係，所以要採用以下的計算方法：

乾物量中的蛋白質含量 　　　× 3.5大卡 ＝ A大卡
乾物量中的脂肪含量 　　　　× 8.5大卡 ＝ B大卡
乾物量中的碳水化合物含量 　× 3.5大卡 ＝ C大卡
總能量 ＝ A＋B＋C大卡

**範例** 　　**寵物食品100公克中**

| 乾物量 | | 含量 | 能量 |
|---|---|---|---|
| 粗蛋白質 | 36.1% | 36.1公克 | 36.1公克×3.5大卡＝126.35大卡 |
| 粗脂肪 | 13.2% | 13.2公克 | 13.2公克×8.5大卡＝112.2大卡 |
| 碳水化合物 | 43.5% | 43.5公克 | 43.5公克×3.5大卡＝152.25大卡 |
| 總能量（大卡） | | | 390.8大卡／100公克 |

## ⑦ 性價比

　　性價比是一種衡量商品價格與價值的標準。雖然說商品的價格未必一定反映出寵物食品的品質，但仍應避免過度便宜的商品。寵物的飲食是需要每天持續餵食的（並且會持續一輩子），因此在寵物的生活型態及寵物食品的經濟性之間取得平衡對飼主來說是非常重要的。最理想的情況，就是在飼主的經濟能力許可範圍內，選擇最能夠維持犬貓健康狀態的寵物食品。

　　大部分飼主經常會針對每一袋寵物食品之間的價格進行比較，但其實在性價比方面更重要的是，除了比較商品的營養成分、使用原料及代謝能量等內容之外，還要比較每天花費的費用。這一點，可利用寵物食品標籤上記載的淨重與寵物每公斤體重的建議餵食量來進行比較。

## ⑧ 其他標籤資訊

### ◆ 強調性的圖像

　　許多寵物商品都會在主要標示附近加上特定或強調性的資訊，並利用緞帶形或星形之類的設計圖像來加強視覺上的印象，再搭配「新產品、新風味、熱量控制、國產品、無添加」等字樣來提高飼主的購買欲望。

### ◆ 寵物食品的顏色

　　狗狗和貓咪選擇食物的標準是「嗅覺」而非「視覺」上的顏色差異。至於寵物食品上不自然的顏色，只是為了吸引飼主的購買欲望。

### ◆ 國產品

　　最終加工國家如果是本國的話即可標示為「國產品」，但原料及原產地則並未限制一定要在國內。

### ◆ 天然、有機、全方位等用語

　　雖然目前在 AAFCO 的規定中有針對「有機」或「天然」下定義，但其內容非常複雜，且此等用語也並不代表寵物食品的安全性。

### ◆ 添加物

　　寵物食品中，為了營養成分的調整、保存、安全性以及嗜口性等目的會使用各式各樣的添加物，其中有以化學方式合成的化學合成添加物，也有天然來源的化學性合成添加物，而天然來源的添加物未必就一定是安全的。此外在半溼食產品或零食產品中為了增加食品的保溼性而添加的丙二醇，由於有報告指出會對貓咪造成貧血所以不會使用在貓用商品上。然而在犬用商品或人類

## 價格與餵食量

範例

|  | 價格（1公斤） | 餵食量（一天） | 一餐的成本 |
|---|---|---|---|
| A | 250元 | 80g | 250÷1000×80＝20元 |
| B | 230元 | 95g | 230÷1000×95＝約21.9元 |

每個月的成本？
　　A　20　 ×30天＝600元
　　B　21.9×30天＝657元　➡　多了57元
一整年的成本？
　　A　600×12個月＝7200元
　　B　657×12個月＝7884元　➡　多了684元

（譯註：原文價格單位為日圓，為便於理解並對照我國與日本之物價，直接將日圓價格除以10換算為我國寵物飼料中等價位之市價價格）

## 寵物食品主要使用之添加物

| 抗氧化劑 | 防腐劑 |
|---|---|
| 丁基羥基茴香醚（BHA）<br>二丁基羥基甲苯（BHT）<br>乙氧基喹因（ethoxyquin）、沒食子酸丙酯<br>生育醇（維生素E）<br>迷迭香萃取物 | 丙酸鈣<br>檸檬酸、延胡索酸、鹽酸、磷酸<br>山梨酸<br>丙酸<br>丙酸鈉<br>亞硫酸鈉 |

的加工食品中有些仍會使用，所以飼主也要認清商品中是否有此類添加物，以免不小心誤用在自家寵物身上。

　　寵物食品的添加物當中，飼主最在意的就是與安全性有關的添加物。影響寵物食品安全性的因子，包括營養素的氧化或微生物的繁殖都會造成產品的劣化而影響到寵物的健康。為了防止這種情形發生，氧氣、水分及溫度就是需要特別關注的重點。因此在含水量高且容易接觸到氧氣的半溼食中，添加物是最多的。乾飼料雖然含水量低，但也因為會接觸到氧氣，所以添加物也不少，僅次於半溼食。至於溼食，因為是密閉後以高溫煮沸消毒，幾乎沒有添加抗氧化劑或抗菌劑，也因此在開封後很快就會氧化。

#### ◆ 有效日期

　　有效日期是指食品未開封狀態下的期限，基本上寵物食品只要開封之後，即使是乾飼料都應該要儘早食用完畢。

## ↘ 寵物食品的餵食方法

#### ◆ 餵食方法

　　餵食方法中，有讓動物隨時都能吃到食物的「自由任食法」、控制在固定時間餵食的「定時餵食法」，以及控制餵食量的「定量餵食法」。

　　狗狗有一次吃下大量食物的食性，而貓咪的食性則是少量多次的進食方式。也就是說，狗狗適合定時定量的餵食方式，貓咪則適合自由任食法，然而寵物既然是跟人類一起生活，自然會受到人類生活型態的影響，而且不論是狗狗或貓咪的適應性都很強，所以一般來說一天餵食兩次的「定時定量餵食法」是非常常見的方式。雖然貓咪因為胃部擴張性的關係比較適合自由任食法，但若是讓食慾旺盛的貓咪自由任食嗜口性高的飼料，有可能會因為攝食過量而造成肥胖。

　　對於營養需求高的懷孕期、發育期或疾病恢復期的動物，增加餵食次數能促進食物的消化及吸收，提供足夠的營養與能量。這種「少量多餐」的餵食方式對於高齡期或減重時期的飲食管理來說也很有益處。一般進行的方式是將每日能量需求量除以餵食次數，讓每次的餵食量提供大致相同的能量。

#### ◆ 餵食量

　　各廠牌的寵物食品都會在標籤上標示出建議的餵食量，不過由於每項商品在靜止能量需求量所使用的係數並不相同，因此這個建議餵食量並不是絕對的。也因為這個原因，針對不同的動物個體，每天的餵食量（公克）應該以 DER ÷ 代謝能量（MEkcal／100g）×100 計算出來。零食及其他食物也要含在算出來的能量值之內，所以餵食的時候，其中 DER 的 90％ 要來自綜合營養食品，剩下的 10％ 則可由其他食物提供。利用這種方式，可以在不破壞主食營養均衡的情況下，又能將體重控制在適當的範圍。

◆ 餵食的技巧

　　餵食時不是只要把食物拿給寵物們吃就好，如果牠們不吃就沒有意義了。對於咀嚼力比較弱的狗狗或貓咪來說，不適合給予大顆粒又偏硬的乾飼料，如果發現犬貓有不太好咀嚼的樣子或是會把食物從嘴巴吐出來，請改換成顆粒小且容易咬碎的飼料。

　　此外，對於飲水量少的狗狗或貓咪來說，雖然溼食比較適合牠們，但由於在成本方面比乾飼料高，這種時候也可以將乾飼料泡水來增加水分的攝取量。泡水的比例約為乾飼料：水＝1：1～1：2，且不是只有乾飼料的表面泡水，必須連乾飼料內部都浸泡到水，等到全部都泡軟後再餵給牠們吃。這是因為如果是水與飼料分離的「茶泡飯」狀態，可能會造成胃液濃度稀釋而讓營養素的消化吸收率下降。泡水時可用冷水或溫水。由於在乾飼料顆粒的外圍會包有一層增加嗜口性且含有脂肪的成分，所以也可以用研磨棒或食物調理機將乾飼料磨粉後再加水，縮短泡水的時間。而用熱水泡乾飼料因為可能會破壞營養素或產生氧化作用，所以並不是很建議。

◆ 餵食場所

　　餵食時的場所請選擇靠牆或角落處等可以讓狗狗或貓咪安靜進食的地方。若是同時飼養多隻狗狗或貓咪時，請最好在不同的房間、籠子內或不同高度的地方分開準備食物，才能確認每隻動物都有攝取到足夠的營養與能量。

◆ 轉換食物時

　　在幫寵物轉換食物的時候，以一個星期～十天的時間慢慢轉換最為理想。即使是外觀看起來一模一樣的寵物食品，其中的營養成分和使用原料也各自不同，突然變換食物可能會讓寵物出現下痢等消化道的症狀。也因此不要在原來的飼料都吃完了才去買新的，最好在十天左右之前就先買好預備著。

　　轉換食物時，先根據能夠維持寵物適當體重的DER，分別算出原本飼料的每天餵食量與新飼料的每天餵食量，接著除以轉換食物所需的天數得到每天應轉換的分量，然後每天將一份原有的飼料改為新的飼料。狗狗在轉換食物時將新、舊飼料混在一起吃可能還沒什麼問題，但有些貓

## 轉換成新飼料的方法

範例

原本飼料（A）的一天餵食量為50公克，新飼料（B）的一天餵食量為60公克，預計以十天來轉換時：
A　50÷10＝5公克／天　　B　60÷10＝6公克／天

|  | 第一天 | 第二天 | 第三天 | 第四天 | 第五天 | 第六天 | 第七天 | 第八天 | 第九天 | 第十天 |
|---|---|---|---|---|---|---|---|---|---|---|
| A（公克） | 45 | 40 | 35 | 30 | 25 | 20 | 15 | 10 | 5 | 0 |
| B（公克） | 6 | 12 | 18 | 24 | 30 | 36 | 42 | 48 | 54 | 60 |

咪一旦新、舊飼料混在一起就可能會變得兩種都不願意吃，所以最好將新、舊飼料分開裝在不同的小碟子裡餵食，小心地一點一點增加新飼料的分量。

### ◆ 保存方法

雖然乾飼料及半溼食內有添加抗氧化劑，但開封後還是會逐漸氧化。尤其是溼度較高的國家，如果再加上溫度及氧氣的條件作用下，就會形成細菌和黴菌很容易繁殖的狀態。因此寵物食品在保存時，要確實密封起來隔絕氧氣，並存放在陰涼的場所。即使是未開封的寵物食品，也不適合放置在室外會被陽光直射到的地方。此外，溼食因為在密封後又經過煮沸消毒的過程，所以其中並未添加抗氧化劑，也因此一旦開封後很快就會氧化，特別是貓咪的溼食，即使密封後放在冰箱中保存，也要在 2 ～ 3 天內食用完畢，剩下未吃完的溼食則應丟棄。

## ↘ 關於寵物食品的便利小知識

### ◆ 一般食品、營養補充食品、熱量補充食品、副食品

這些食品都是與綜合營養食品併用的其他用途食品，一般來說具有高蛋白質、低脂肪、磷或鈉的含量較高等特徵。雖然高蛋白質的食物很適合貓咪，但若是脂肪含量低的食物，有時會無法從食物中攝取到足夠的能量。不過，這些食品因為包裝大小和種類非常豐富，或者是有價格上的優勢，所以現狀有不少貓咪的飼主會將這類商品作為主食。而在狗狗方面則是有飼主未考量到能量均衡的問題而與乾飼料一起餵食，導致蛋白質攝取過多的案例。若是以增加飼料的嗜口性為目的，理想的狀態是以 DER 的 10 ％比例混在綜合營養食品中餵食。

### ◆ 營養保健食品

營養保健食品是一種輔助營養的食品，大致分成補充飲食生活中攝取不足的營養素之商品，以及含有特定的機能性成分能改善身體健康狀態的商品。若寵物食用的是屬於優質綜合營養食品的寵物食品，基本上並不需要為了補充營養而給予營養保健食品，因為比起不足，過量的風險還要更高。此外，機能性成分中有些並未有醫學上的明確證據，且還有與藥物或飲食產生拮抗作用的風險，使用之前最好與獸醫師或專門人員仔細諮詢。如果持續使用三個月都還未感受到效果時，可先暫停給予並觀察動物是否有出現異狀。

---

### 無穀飼料

*column*

近年來最流行的狗狗飼料就是以不使用穀類為特徵的「無穀飼料」。這種飼料的基本概念就是「回歸自然」，也就是基於狗狗原本的食性並不需要穀類這種觀念而製造出來的商品。雖然這一類的飼料大多不使用米、小麥或玉米，但這並不表示它們完全不使用碳水化合物，而是使用馬鈴薯、豆類、水果或蔬菜。一般來說這一類產品的性質大多是高蛋白質、低碳水化合物，但也有把碳水化合物比例比照一般綜合營養食品配方的商品，其營養成分比例可說是非常地多樣化。

如果是高蛋白質、低碳水化合物的飼料，建議的餵食量通常會比一般綜合營養食品還要少，但許多飼主經常會比照以前的餵食量餵食，而且因為這種飼料的嗜口性較佳狗狗特別愛吃，有時也會看到因為蛋白質攝取過量而造成肝臟問題或有脫水傾向的案例。因此重點就在於把握每一種飼料的特性，正確地使用才能避免造成健康上的危害。

## 重 點 整 理

- □ 寵物食品的相關資訊會記載在主要標示欄及食品資訊標示欄內
- □ AAFCO規定，主要標示欄應標示出「犬用或貓用之寵物食品用途」、「產品名稱」、「淨重」等資訊
- □ 食品資訊標示欄內，AAFCO規定應標示出「保證分析值」、「原料名稱」、「營養合理標示」、「製造業者或輸入、販賣業者之名稱」等內容
- □ 只有符合AAFCO制定之營養標準的寵物食品，可標示為「綜合營養食品」
- □ 淨重指的是除去包裝重量後的內容物重量
- □ 若在產品名稱後方標示「風味」、「內含」、「使用」等字樣時，表示僅含有狗狗或貓咪可感受到氣味的含量
- □ 保證分析值所標示的「多少百分比（～％）以上」，表示保證產品內的最低含有量
- □ 「粗～」表示使用的分析方法不同，並非指產品的品質
- □ 使用的原料成分要依照原料含量的多寡依序記載
- □ AAFCO僅是訂定營養標準的團體，並未執行任何認證作業
- □ 產品之證明與責任由各製造廠商負責
- □ 有效日期是指在未開封並依照指示保存方法保存的狀態下，保證產品品質的期限
- □ 原產地國家應記載對寵物食品內容進行實際變更之加工國家名稱
- □ 重貼新標籤、變更容器或包裝等行為並不屬於實際變更食品內容之加工
- □ 對狗狗和貓咪來說，以動物性蛋白質為主體的綜合營養食品較適合作為主食
- □ 麩質是植物內所含的蛋白質
- □ 副產品雖然被用作蛋白質來源，但各家寵物食品廠商所使用的部位及加工方法各有不同
- □ 乾飼料中所標示的灰分，一般會作為鎂含量的指標
- □ 高品質的綜合營養食品其粗灰分約在7%左右
- □ 寵物食品中的含水量會影響到嗜口性、營養濃度及產品的費用
- □ 寵物食品中重要的是嗅覺與味覺，並不需要去染色
- □ 寵物食品中的添加物，用途包括調整營養、保存、安全性或增加嗜口性
- □ 半溼食中大多含有抗氧化劑或防腐劑
- □ 貓咪專用的商品中不可使用丙二醇這種保溼劑
- □ 溼食中很少會添加抗氧化劑或完全未添加
- □ 生育醇是維生素E的化學名，可作為寵物食品的抗氧化劑
- □ 餵食法分為自由任食法、定時餵食法及定量餵食法
- □ 嗜口性高的乾飼料若以自由任食法餵食容易造成寵物肥胖
- □ 少量多餐的餵食法可增加寵物食品的消化吸收率
- □ 要將飼料用水泡軟時，應使用冷水或溫水
- □ 將飼料泡水或稍微加熱可增加它們的嗜口性
- □ 轉換食物時最好以一星期到十天的時間循序漸進
- □ 突然轉換食物容易引起消化道的症狀
- □ 寵物食品應密封後隔絕氧氣並存放在陰涼場所
- □ 不需要綜合營養食品中額外添加營養保健食品

# 不同生命階段的營養管理

## ↘ 生命階段與能量

狗狗或貓咪的生命階段，大致上分為懷孕期、泌乳期與發育期（幼犬期、幼貓期）、維持期（成犬期、成貓期、成年期）以及高齡期（老年期）。而每個生命階段需要的營養素成分、比例及每日能量需求量都不相同。

尤其是懷孕期、泌乳期及發育期，所需要的營養素及能量要比其他生命階段更多，因為這些營養及能量不只用於維持身體正常運作，還需要供應組織發育的需求。此外，身體在不同的生命階段中其消化吸收能力及代謝能力也會發生變化，所以飼主在選擇寵物食品、決定餵食量與餵食方法時，必須考量到寵物在不同生命階段的需求，才是健康管理的關鍵。

## ↘ 懷孕期、泌乳期

體態評分（BCS）正常的狗狗或貓咪才適合懷孕，如果體重不足時，要等體重增加到理想體重，若過於肥胖，則要減重到理想體重後再讓寵物進行交配，確保母體和胎兒的健康。

懷孕後根據胎兒的數量及伴隨胎兒的成長，母體對營養的需求也會增加。狗狗和貓咪的懷孕周期都是平均約63天（九個星期），狗狗在懷孕初期～中期胎兒的體重只會增加30％左右，

所以狗媽媽的體重不會有明顯變化，因此這個時期給予懷孕前的維持能量需求量即可。不過從懷孕第七個星期起，胎兒的體重會急遽增加，所以此時狗狗的DER要增加到維持能量需求量的1.5倍。而另一方面，貓咪從懷孕之後胎兒就會馬上開始發育，所以貓媽媽的體重也會開始增加。因此從懷孕到分娩期間，要慢慢增加為維持能量需求量的1.5倍。由於隨著胎兒的發育母體的腹腔會受到壓迫，一天只餵食兩餐有時會無法攝取到足夠的營養與熱量，這種情況下應選擇高熱量、高消化性、高嗜口性的發育期專用（高營養）寵物食品，以少量多餐的方式餵食，可防止消化道症狀的發生，並且還能提供足夠的營養與熱量。

分娩後的狗狗雖然體重會明顯下降，但為了讓牠們的體重不要下降到懷孕前理想體重的90％以下，目標是要將牠們的體重控制在懷孕前理想體重再多5～10％的狀態。貓咪在分娩後減少的體重，大約是懷孕中增加體重的40％左右，並且會在泌乳期間逐漸減輕。狗媽媽、貓媽媽在泌乳期間的能量需求會因幼犬、幼貓的體型及數量而異，一般需要維持能量需求量的2.5～3倍的能量。直到分娩後第七～第八個星期的離乳期之後，才會慢慢減少到維持能量需求量的1.25倍左右。貓咪在分娩後體重只會減少懷孕期體重的40％左右，之後則會慢慢恢復成懷孕前的體重，並在第七～第八個星期後漸漸恢復成原來的維持能量需求量。

### 生命階段之標準

| | 發育期 | 維持期 | 高齡期 |
|---|---|---|---|
| 小型犬 | 8～12個月 | ～　8～9歲　～ | |
| 中、大型犬 | 12～18個月 | ～　6歲　～ | |
| 超大型犬 | 18～24個月 | ～　5歲　～ | |
| 貓咪 | 12個月 | ～　7～10歲　～ | |

## 狗媽媽在懷孕期及泌乳期之體重變化

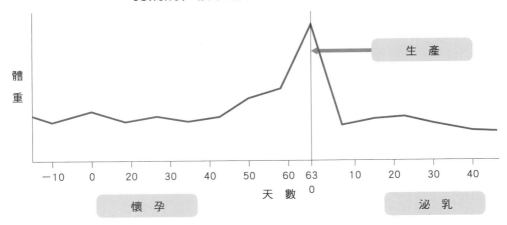

American Symposium proceedings, American College of veterinary internal Medicine , 1997
（isium proceedings, erinary internal Medicine , 1997）

## 貓媽媽在懷孕期及泌乳期之體重與能量需求量的變化

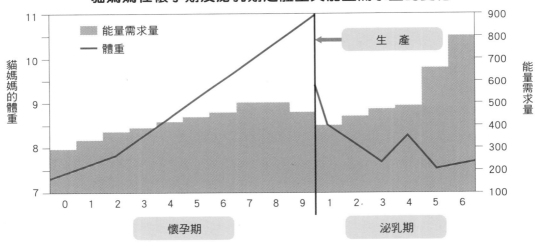

Canine and Feline Nutrition ／ A Resource for Companion Animal Professionals
Weight gain pattern in queens during gestation and lactation

---

### 懷孕期、泌乳期之飲食管理重點

　　①懷孕／泌乳期的狗媽媽、貓媽媽，只要飼主有提供充分的優質寵物食品且牠們也都有順利進食的情況下，並不需要額外補充營養保健食品。若是額外補充鈣質或礦物質的營養保健品，或是餵食富含此類物質的食物（如起司或鈣質強化零食）導致礦物質攝取過量的話，有時會引起胎兒畸形或軟組織鈣化的情形發生。

　　②如果狗媽媽（貓媽媽）在幼犬（幼貓）進入離乳期後仍大量泌乳時，有很高的機率會得到乳腺炎。這個時候可視情況將餵食量改回懷孕前的維持能量需求量。

## ↘ 哺乳期、離乳期、發育期

發育期間可分為出生後二～三週齡之前的哺乳期、七～八週齡前的離乳期，以及之後成為成犬或成貓之前的發育期。

這個時期，是打造身體基礎的重要時期。除了維持身體正常運作之外，由各個組織與細胞正在發育，所以需要比維持期更多的蛋白質、脂肪、鈣質或磷等礦物質以及 EPA 或 DHA 等物質，是所有生命階段中營養需求最高的時期。另一方面，由於身體還未發育成熟，所以也比較容易出現低血糖、低體溫或脫水的情形。發育期的飲食管理，除了要提供充分的營養與能量外，餵食方法與環境方面的管理也要特別謹慎及注意。

由於體重增加是發育正常的指標，所以要定期為牠們測量體重。體重增加率在狗狗方面為每天增加2～4公克／體重（公斤）／天×成犬時的預估體重公斤數；而貓咪則是每一星期增加50～100公克。

### ◆ 哺乳期

出生後在最初的第一個星期，體重會藉由吸奶而約增重至兩倍，到第二～三個星期時則會成長為出生時體重的三倍左右。幼犬或幼貓藉由喝到媽媽在分娩後兩天內分泌的乳汁（初乳）來獲得抗體以免於受到傳染病的侵襲。餵奶次數在出生後一週齡前為每天8～12次，之後雖可讓餵奶次數逐漸減少，但至少一天也要餵乳3～4次。哺乳除了讓幼年動物獲得營養及免疫力之外，也有防止脫水及安定情緒的重要功能。

若是狗媽媽或貓媽媽不在的情況時，可用市售的狗狗（貓咪）專用奶來哺餵。這一類的產品內含有幼犬或幼貓未成熟身體無法在體內合成的營養素，且營養的成分比例也有考量到牠們的消化吸收能力。狗狗或貓咪乳汁的營養成分中，蛋白質及脂肪都比牛奶還高，乳糖則比較低，因此若是只餵牛奶的話，會造成營養及能量不足，而且還會引起下痢等症狀。在進行人工哺乳時，可利用滴管或奶瓶，並用幼犬（幼貓）吸吮母乳的姿勢抱起牠們，輕壓奶瓶讓牠們吸吮，並且要注意避免讓牠們嗆到。由於幼年動物的胃容量很小，幼犬一次的餵食量約為10～20毫升，幼貓則為3～10毫升。另因為牠們無法從狗媽媽或貓媽媽的乳汁得到抗體，所以會比較容易得到傳染病，因此務必要特別注意生活環境的溫度與溼度以及衛生方面的清潔。除此之外，在排泄、安全感及社會性的刺激等來自狗媽媽或貓媽媽給予的照顧，都必須靠人工照顧者來滿足牠們同樣的生理需求。

### 狗媽媽哺育幼犬的樣子

### 幼犬的人工輔助排泄與哺乳

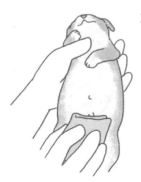

## 母乳的成分比較（100g中的成分）

| | 貓咪初乳 | 貓咪乳汁 | 狗狗乳汁 | 牛乳 | 山羊乳 |
|---|---|---|---|---|---|
| 水分（公克） | — | 79 | 77.3 | 87.7 | 87.0 |
| 粗蛋白質（公克） | 8.3 | 7.5 | 7.5 | 3.3 | 3.6 |
| 精胺酸（毫克） | 357 | 347 | 420 | 119 | 119 |
| 牛磺酸（毫克） | 26 | 27 | — | 0.13 | — |
| 甲硫胺酸（毫克） | 202 | 188 | — | 82 | 80 |
| 粗脂肪（公克） | 9.3 | 8.5 | 9.5 | 3.6 | 4.1 |
| 乳糖（公克） | 3 | 4 | 3.3 | 4.7 | 4 |
| 鈣質（毫克） | 46 | 180 | 240 | 119 | 133 |
| 磷（毫克） | 114 | 162 | 180 | 93 | 111 |
| 鉀（毫克） | — | 103 | 120 | 150 | 204 |
| 鎂（毫克） | 11 | 9 | 11 | 14 | 14 |
| 銅（毫克） | 0.04 | 0.11 | 0.33 | — | — |
| 鐵（毫克） | 0.19 | 0.35 | 0.7 | 0.05 | 0.05 |
| ME（大卡） | 130 | 121 | 146 | 64 | 69 |

摘自〈小動物臨床學　第五版〉（日本希爾思．高露潔有限公司附設馬克．莫里斯研究所日本聯絡事務所）

◆ 離乳期

　　幼犬或幼貓在這個時期會開始對狗媽媽或貓媽媽的食物感興趣，此時可漸漸地給予一些嬰兒食品。在這個轉換食物的過程中，原來來自於乳汁中的營養素開始轉變為來自肉類、澱粉或植物性脂肪等營養供應來源，對於這樣劇烈的變化過程，飼主必須非常小心謹慎，才能避免引起消化道的症狀。餵食幼犬或幼貓時，可在狗媽媽或貓媽媽正在吃的飼料中加入發育期專用飼料，攪拌成糊狀後少量（RER×3的1 / 4量左右）放在淺碟中或用針筒餵食，並配合離乳時間漸漸減少來自母乳的營養。餵食的時候一天分成五～六次間隔同樣時間餵食，並在20～30分鐘後就將碟子拿走。

　　離乳期的標準一般約在第七～八週齡，如果在六週齡前就讓幼年動物離乳，可能會造成營養不良或行為問題。比起大型犬，小型犬和貓咪可能需要更長的時間離乳，而以人工乳哺育的幼犬或幼貓則可能會有體重增加率偏低的情形。

◆ 發育期（八週齡～）

　　小型～中型犬與貓咪約在四個月齡大的時候、大型～超大型犬則約在五個月齡大的時候，體重會達到成犬（成貓）預估體重的50％。之後體重的增加速度會減緩，小型犬約在八個月齡左右、幼貓約在十個月齡左右時，體重到達成犬或成貓時的水準。不過由於骨骼與肌肉組織仍處在發育過程，因此理想狀態為持續提供發育期專用飼料直到十二個月齡。而大型犬或超大型犬的發育期可長達十八個月～兩年，在這個期間應儘量使用發育期專用飼料。

　　發育期專用飼料在製作時特別提高了飼料的消化性，能輔助未成熟的消化器官及肝臟作用，讓身體獲得充分的營養與能量。大型犬用的發育

期飼料中，所含的熱量及蛋白質、脂肪、鈣質和磷等營養素之含量和小型犬的發育期飼料相比都設計得比較低。這是為了幫助大型犬的幼犬能適度地發育，避免牠們因為發育過快而造成骨骼異常或發育不全

發育期的DER，一般可用出生後二～四個月前之體重的「RER×3」計算出來。不過由於個體差異的關係，當餵食過多時幼犬或幼貓可能會有軟便的現象，這個時候可從RER的2.5倍開始，並觀察幼犬或幼貓是否吃得完飼料、排便有沒有問題、體重是否有增加等現象，再調整牠們的餵食量。之後到了四～五個月齡時，一旦體重增加的速度變慢身體的能量需求量也會開始減少，這個時期須以當時體重的RER×2.5～2倍再重新計算牠們的能量需求量。此外當幼犬或幼貓的體重達到成犬或成貓體重的80％以上時，這個時候要再改用當時體重的RER×2～1.8倍來計算並調整牠們的餵食量。不過由於這些計算方式都只是參考標準，最重要的還是飼主務必要觀察動物的食慾、體重變化及排便狀態，必要時應視情況加以調整。

而在餵食次數方面，為了幫助幼犬或幼貓對食物的消化與吸收，理想的方式是在四個月齡左右前每天餵三～四次，之後到了六個月齡左右時則可改為每天二～三次。

### ◆ 發育期的零食

寵物在發育期間食慾非常旺盛，因此飼主經常會忍不住餵給牠們各式各樣的零食。但這樣一來牠們因為吃零食吃飽了之後，有時反而無法從主食中攝取到足夠的營養，也就無法透過飲食幫助幼年動物正常地發育。然而零食又是飼主與寵物之間溝通的方式之一，要完全禁止是不太可能的，所以在餵給寵物零食的時候，與主食之間的比例應該要控制在DER的10％以內。

對狗狗和貓咪來說，牠們分不出主食與零食，全部都是可以吃的「食物」，所以飼主不用拘泥零食的外型。另一方面，貓咪在出生後的第一年會決定對食物的喜好性，所以在這個時期的重點就是要讓牠們多嘗試各種不同的食物，避免牠們以後只執著於特定口味或口感的食物。也可以將各種不同口味或口感的發育期專用飼料，作為零食餵給貓咪吃。

---

## 「已經變瘦了還要減少餵食量」!?

column

發育期最重要的就是「維持＋發育」所需要的營養與能量，不過隨著發育過程的進行，比起發育，維持所需的營養及能量的比例會逐漸增加，所以必須調整餵食量。

另一方面，在維持期的期間，體重與餵食量是成比例關係的，所以飼主經常會以為必須隨著發育過程逐漸增加餵食量，但這樣卻經常會造成動物發生軟便、下痢等消化道的症狀。這種狀態持續下去不僅體重不會增加，甚至還會有體重減輕以及免疫力下降的情形。因此動物在發育後期餵食量的變化，才是飼主需要特別注意的。

## 不同犬種在 0 ～ 28 月齡間的體重變化

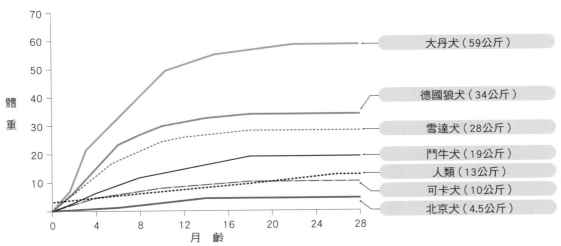

Current veterinary therapy, V, Philadelphia 1974, WB Sanders

## ↘ 發育期能量需求量之參考標準

| 發育期間 | 體重增加率之參考標準 | DER之參考標準 |
|---|---|---|
| 哺乳期<br>（出生後～ 2-3 週齡） | 增加至出生時體重的3倍 | 母乳（人工哺乳）<br>出生後1～3天　15kcal／100g（體重）<br>出生後4～6天　20kcal／100g<br>出生後6天～　20～25kcal／100g<br>母乳＋嬰兒食品（糊狀） |
| 離乳期<br>（4週齡～ 7-8 週齡） | （狗狗）<br>2～4g／BW（kg）／天<br>×成犬時預估體重（kg）<br>（貓咪）<br>50～100g／週 | 發育期專用寵物食品<br><br>RER×3～2.5<br>RER×2.5～2.0<br>RER×2.0～1.8 |
| 發育期<br><br>（2～4-5月齡）<br>（5～8月齡）<br>（8月齡～成犬/成貓） | 成犬／成貓時預估體重之50% | |

## 營養需求量的差異

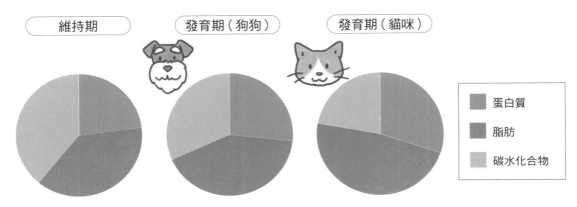

## ↘ 維持期

到了維持期時，就要從發育期專用飼料轉換為維持期專用飼料。雖然最理想的狀態是整個發育期都使用發育期專用飼料，但在為了穩定體重而調整餵食量而動物又有挑食的狀況時，在月齡達到九個月大左右時也可以開始替換成維持期專用飼料。這個時候可參考當時體重的 DER 換算出餵食量，之後體重如有增加的情形，則熱量可以再減少 10 ～ 15 ％。由於這就相當於係數

0.2，所以如果原本的能量供應量是 RER × 1.8，此時就改為 RER × 1.6 然後觀察這個過程是否能將體重維持在適當的狀態，再決定動物個體適合的餵食量。

由於動物在維持期期間的健康情形大多都處於穩定的狀態，所以此時飼主通常也比較會疏於飲食管理。這個時期最大的問題就是「零食給太多」，所以請記得 DER 的 90 ％ 必須由主食提供，零食或其他食物則要控制在 10 ％ 之內，才能維持動物的健康與適當的體重。

### 副食品（零食、點心）

column

零食或點心對於補充營養或促進飼主與寵物之間的溝通來說是很有效的工具。但另一方面，也有很多飼主會把乾飼料當作我們人類的「米飯」一樣，把零食或寵物拌飯料當成配菜餵食，所以也就不太在意所餵零食中的營養成分是什麼以及餵食量的多寡。然而乾飼料其實是已經同時包含了米飯和配菜的飲食，此時再加上零食就成了讓寵物肥胖的原因。就算把主食的寵物食品餵食量扣除掉零食的份來維持寵物的能量攝取量，也會因為營養不均衡而造成寵物出現食慾不振、挑食或營養不良的情形發生。基於這些原因，對於所餵食的零食或寵物拌飯料，請記得定期檢視是否有控制在 DER 的 10 ％ 以內。

 **調整能量攝取量時的參考標準**

DER 會受到動物的活動量、肌肉量、是否進行過結紮手術、性別、氣溫、壓力、健康狀態等多種因素影響。所以定期測量體重、調整餵食量、評估進食情形及視情況重新調整，找出適合個體需求的 DER，是飲食管理中很重要的一環。

如果是已結紮的動物……

➡ 已結紮的動物比較容易肥胖，因此必須將每日能量需求量減少 10 ％，觀察牠們的體重增減情形。

運動量少、容易肥胖的動物

➡ 配合肥胖的程度將整體的每日能量需求量減少 10 ～ 20 ％並觀察體重變化。

肌肉量多、運動量大的動物

➡ 狗狗在長距離移動、貓咪在上下跳躍時會消耗比較多的能量。肌肉量多的犬種（傑克羅素㹴、迷你杜賓犬等）或貓種（緬因貓、布偶貓、阿比西尼亞貓等）其基礎代謝率比一般狗狗或貓咪還要高，所以即使是同樣的生命階段或生活型態，DER 也要設定成高出 10 ～ 15%，並找出能維持在理想體重的係數。

春季與秋季、室內飼養與室外飼養

➡ 當外界氣溫比較高時，維持體溫所需的能量就會減少，因此動物在夏季的能量需求量比冬季還要低。如果時節一到了五月左右發現動物有食慾下降、體重卻開始增加的情形時，飼養在室內的動物其 DER 要減少 10 ～ 15%。而到了食慾開始變得旺盛的十月左右時，則是要將 DER 增加 10 ～ 15%。而在某些地區或飼養在室外的動物，有時候冬季的能量需求量甚至會達到夏季的兩倍以上。

比賽犬或比賽貓

➡ 在犬展或貓展比賽期間的能量需求量要增加20%左右，非比賽期間則為維持量。

## ↘ 高齡期

雖然都稱為高齡期，但高齡與否其實與犬種、貓種、體型大小、營養狀態、生活環境及活動量等各式各樣的因子相關，所以很難定義「什麼時候開始」才叫做高齡期。目前已知在動物的壽命方面，會有「大型犬的壽命比小型犬短」、「混種犬比純種犬長壽」、「肥胖動物的壽命可能比較短」等現象。另一方面，也有人認為只要超過平均壽命的75％就算是進入高齡期。而從現實面來說，則可從身體雖然健康但感覺器官開始衰退、肌肉量開始減少、睡眠時間變長等伴隨年齡增長而出現的生活方面變化以及定期健康檢查的結果，得知動物是否已進入高齡期。

在AAFCO的標準中，並未提供高齡犬或高齡貓的營養標準。因此比起發育期或維持期專用飼料，每一家寵物食品製造廠商針對高齡期專用飼料的營養概念及營養成分比例都有著極大的不同。

另一方面，動物一旦進入高齡期之後，就會有容易肥胖、容易罹患心臟病或關節方面等疾病、容易有便祕或下痢症狀等情形出現，所以一般來說大部分的高齡期專用飼料都會有低熱量、高膳食纖維、添加可幫助預防疾病的機能性成分等特徵。然而，並非所有的高齡動物都是肥胖的，所以低熱量的飼料有時會為了攝取到必要的DER而必須增加餵食量的情形，或是因為膳食纖維過多而排便量增加的狀況。動物在高齡期隨著肌肉量的減少活動量也會降低，所以會有體重容易增加的傾向，但牠們對於蛋白質的需求量其實與維持期並沒有什麼不同。因此身體若是健康的話，並沒有必要只是因為年齡的關係就轉換飼料，不過另一方面高齡期專用飼料裡也有添加特定的營養素來輔助動物因為高齡而衰弱的身體機能。不論是原來的飼料還是高齡期專用飼料，當動物年齡愈大時，請記得為牠們選擇愈好消化吸收的寵物食品。

此外，高齡期的動物有時候會因為有口腔疾病或視覺、聽覺、嗅覺、味覺等感覺器官功能衰退的關係而食慾變差，如果出現這種情況，飼主就必須多花一些心思，例如將食物拿到牠的鼻子附近、引導牠走到餐碗旁、用手直接餵食、另外加料提高食物的嗜口性等方式，想辦法引起牠們的食慾。

定期的健康檢查、早期治療、適當的飲食與體重管理、持續適度地運動、打造更容易生活的環境等，都是可以幫助高齡動物生活得更加舒適的健康管理關鍵。

## 能夠幫助高齡期動物的主要營養成分

| 營養素 | 功能 |
| --- | --- |
| EPA（n-3） | 維持毛髮健康、減輕發炎反應 |
| 維生素E、β-胡蘿蔔素 | 去除活性氧、強化免疫力 |
| 果寡糖（Fructooligosaccharides，FOS） | 調整腸道內環境 |
| 葡萄糖胺、軟骨素 | 輔助關節功能 |

### 注意水分的攝取量！

column

不論是人類還是動物，邁入高齡期後有時會變得不太容易有口渴的感覺。可是有些飼主不太會去注意狗狗或貓咪的水分攝取量，於是就產生動物自發性飲水量減少的結果。而且高齡動物因為肌肉量減少的關係，體內貯存的水分也會減少，因此身體會變成容易脫水的狀態。如果動物是以纖維含量多的乾飼料為主食的話，水分的需求量也會增加。但如果只是一次餵給大量水分，只會讓排尿次數及排尿量增加，並不會解決脫水狀態。因此飼主應該要做的是，平時就要在食物裡加水餵食，並且在飯前飯後、餵零食的時候、跟寵物玩耍前玩耍後，以及散步前散步後等機會隨時視情況補充少許的水分。

## ↘ 其他類型的寵物食品

### ◆ 生食

有些觀念認為「原本狗狗的祖先就是狼，狩獵動物的腸胃中除了半消化狀態的碳水化合物之外，肉與骨頭才是主食，所以這才是牠們原本的食性，而違反這種食性的飲食會引起過敏或癌症等各種疾病」，因此主張應該餵給寵物生食。

目前市面上販賣的生食有冷凍、冷凍乾燥、混合型（在營養保健品＋乾燥蔬菜中加入飼主買的生肉後攪拌混合）等各式各樣的商品。雖然有寵物因為生食而健康狀態獲得改善的案例，但另一方面也有寵物出現下痢、嘔吐等消化症狀、沙門氏桿菌造成食物中毒、啃骨頭造成牙齒缺損或刺傷消化道的案例報告。

### ◆ 手作鮮食

所謂的手作鮮食就是使用和人類食物同等級的食材來製作狗狗或貓咪的飲食。有分成每天餵食鮮食的類型，或是把鮮食當作零食或偶爾餵食

的類型。更進一步地,市面上販賣的鮮食與飼主親手製作的鮮食也有所不同。由於手作鮮食沒有所謂的營養標準,因此各家製造廠商(或產品)內含的營養濃度也各不相同。

由自己採購食材的手作鮮食,優點是嗜口性高及食材的安全性。不過即使都是由品質優良的食材所組合出來的飲食,一旦消化吸收率不好的話就沒有意義了。所以請記得要隨時觀察寵物的體重變化、排便狀態及健康狀態,同時評估是否適合寵物的身體並視情況調整飲食。而是否有專家可以諮詢,也是全鮮食飲食的重點。否則一旦營養比例不均衡,或是無法攝取到必需的能量

時,有可能會造成寵物消化道受損或肝臟、胰臟的疾病發生。

由於動物在發育時期身體還未成熟,適應力也比較弱,此時若是有營養過剩或不足的情形可能會造成嚴重的健康問題,因此基本上在這個時期不建議餵給寵物手作鮮食。此外,由於貓咪對食物的喜好比較多變,且在代謝方面也比較特殊,所以比起狗狗來說,貓咪的手作鮮食需要更多的經驗與知識。更進一步地,製作鮮食也與飼主本身的時間、理解能力、經濟能力及耐性等因素有關,不只是狗狗和貓咪,包括飼主自身也要具備一定的條件才能進行。

## 各式各樣的「手作鮮食」

| | 完全鮮食 | 偶爾餵食鮮食 | 市面販賣的鮮食 |
|---|---|---|---|
| 優點 | ・可以選擇適合動物個體的食材<br>・能因應健康狀態調整飲食內容<br>・容易找出造成問題的原因 | ・是狗狗和飼主可以一起開心的特別時刻<br>・可補充可能攝取不足的營養素 | ・嗜口性高<br>・能夠確認原料 |
| 缺點 | ・肉和蔬菜經常會愈餵愈多(沒有和專家諮詢過的情況)<br>・有時會無法再換回寵物食品 | ・吃到吃不慣的食材時可能會引起消化不良<br>・沒有額外加料時可能會變得不吃飼料 | ・營養不均衡時可能造成健康問題<br>・無法調整飲食內容 |
| 飼主應具備的條件 | ・需要學習營養學與生理學的基礎知識,並且要有專家可以諮詢<br>・隨時觀察動物,有變化時能夠儘早因應 | ・需要了解可以餵食與不可餵食的食材<br>・餵食後要確認動物的排便與健康狀態,並將曾引起消化症狀的食材紀錄下來 | ・要了解各家廠商的飲食概念及產品說明,並確認其是否有客戶服務系統 |

## 狗狗手作鮮食之簡易食譜

　　如果每天的飲食都是手作鮮食的話，那就必須配合動物個體製作適合的菜色，並且還要額外給予營養保健品來補充不足的營養。不過這裡介紹的並非這種食譜，而是狗狗「沒有生病，但就是沒有食慾不想吃」的時候，可以給牠們吃的簡單又好消化的食譜。

### ✿材料

〈體重5公斤，係數1.2的狗狗之一天份的飲食／蛋白質：脂肪：碳水化合物＝28％：13％：55％（能量比）〉

白飯…………100公克（已煮好的白飯重量）　　雞胸肉……60公克（生）

雞蛋（全蛋）…1/2顆　　　　　　　　　　　　高麗菜……10公克（生）

### ✿作法

① 將雞胸肉與高麗菜各自用開水汆燙一下後切碎。

② 在白飯中加入①之雞胸肉及適量的水後開火烹煮，直到煮成黏稠度容易入口的稀飯。

③ 關火後加入雞蛋及高麗菜攪拌均勻。

④ 充分冷卻後放入淺盤中，配合動物狀況分成數次餵食。

### 不同體重的餵食量換算表

| 體重 | 1公斤 | 3公斤 | 5公斤 | 10公斤 | 15公斤 | 20公斤 | 25公斤 | 30公斤 |
|---|---|---|---|---|---|---|---|---|
| 倍數 | 0.3 | 0.7 | 1 | 1.7 | 2.3 | 2.9 | 3.4 | 3.9 |

＊請配合狗狗的體重，將各材料之分量乘以倍數計算。

---

#### 其他可使用的食材

| | |
|---|---|
| **蛋白質來源** | 雞肉、豬瘦肉、牛瘦肉、白肉魚、鮭魚、茅屋起司、雞蛋等 |
| **碳水化合物來源** | 白米、燕麥、麵粉、通心粉、地瓜、馬鈴薯、太白粉等 |
| **膳食纖維來源** | 高麗菜、胡蘿蔔、蕃茄、小黃瓜、白蘿蔔、青花菜、白菜、南瓜等 |
| **脂肪來源** | 雞皮、蛋黃、芥花油等 |
| **維生素、礦物質來源** | 蘋果、梨子、西瓜等少量的水果、肝臟、碎芝麻、脫脂奶、原味優格等 |

---

#### 簡易手作鮮食（偶爾做的鮮食）選擇食材的重點

・內容愈簡單愈好！

・肉、魚的重量是以「生肉」計算。

・選擇容易消化吸收的食材！

・注意不要加入過多的蛋白質和膳食纖維！

・沒吃過的食物只能加一點點！

・糞便稀且為黃色時表示餵食太多蔬菜，糞便呈現黑色且偏硬時表示肉類餵食太多，糞便呈現黏稠狀時表示餵食太多脂肪。

## 重點整理

□ 狗狗與貓咪的懷孕週期約為63天（九個星期）

□ 狗狗要到懷孕後期母體的體重才會增加，因此從這個時候開始增加餵食量

□ 貓咪一懷孕之後體重馬上就會開始增加，因此須漸漸增加餵食量

□ 隨著胎兒的發育母體的腹腔會愈變愈小，因此應該改為少量多餐餵食或自由任食法

□ 泌乳期間狗媽媽（貓媽媽）的DER是最高的

□ 注意不要讓狗媽媽在生產之後的體重降低到懷孕前的90%以下

□ 貓媽媽在生產之後體重只會減少懷孕中體重的40%

□ 初乳中含有抗體

□ 離乳期一般在生產後第七～八週

□ 狗媽媽或貓媽媽如果在離乳期之後仍持續分泌大量乳汁，可能會引起乳腺炎

□ 新生幼兒在出生後第二～三週齡左右，體重會增加到出生時體重的約三倍

□ 從離乳期開始可用淺盤一天餵食五～六次的糊狀幼兒食品

□ 為了讓骨骼能夠健全地發育，應配合狗狗的體型大小選擇適當的發育期專用飼料

□ 小型犬、中型犬和貓咪在四個月齡大、大型犬在五個月齡大時，體重如果有達到成犬、成貓時預估體重的50%，就表示有順利地發育

□ 餵食次數在四個月齡左右之前為每天三～四次，可以促進食物的消化與吸收

□ 以屬於綜合營養食品的寵物食品為主食時，不需要再額外添加營養保健食品

□ 維持期餵給寵物太多零食很容易成為飲食管理上的問題

□ 肌肉量多的動物其基礎代謝率比一般動物還高

□ 動物在結紮後體重會比較容易增加

□ AAFCO並未針對高齡期訂定營養標準

□ 高齡期專用飼料一般都有添加輔助身體機能的營養成分

□ 愈是給高齡期動物用的食物，愈應該選擇優質且容易消化吸收的寵物食品

□ 生食或手作鮮食在飼主沒有充分知識的情況下，可能會造成疾病發生

測試看看自己學會了沒！

## 第2章 練習問題

※ 解答及解說在 P 85 ～

**1** 關於訂定寵物食品的安全性及營養標準，目前世界上最具權威性的團體是哪個團體？

_____

**2** 在日本推動寵物食品安全性與品質改善的團體是哪一個團體？

_____

**3** 試列舉出三項利用擠壓技術製作寵物食品的優點。

_____    _____    _____

**4** 根據含水量的不同，寵物食品分成哪三類？

_____    _____    _____

**5** 根據用途的不同，請回答寵物食品分成哪幾類？

_____    _____    _____

**6** 第五題的答案中哪一類適合作為主食？

_____

**7** 請回答有哪三種生命階段專用的寵物食品？

_____

**8** 根據環境、氣溫、活動量、結紮與否等條件的不同，總結起來稱之為什麼？

_____

**9** 標示寵物食品資訊的標籤稱之為什麼？請回答兩種。

_____

**10** 產品上標示「內含牛肉」的時候，請選出其所代表的真正意義。

①這項商品的蛋白質來源全為牛肉
②其中所含的牛肉僅有狗狗或貓咪可以感受到氣味的程度
③這項商品是由牛肉製作而成的

**11** 保證分析值或成分標示中，規定應標示最低含量的是哪些營養素？

_____     _____

**12** 保證分析值或成分標示中，規定應標示最高含量的是哪些營養素？

_____     _____

**13** 請回答原料標示之相關規定。

_____

**14** 乾飼料的粗灰分標示是何種物質含有量的參考標準？

_____

**15** 請選出有效日期所代表的正確意義。

①開封後也能保持美味並可供食用的期限
②未開封時保存在適溫環境下保證產品品質的期限
③未開封並依照指示保存方法保存的狀態下保證產品品質的期限

**16** 寵物食品內的添加物其使用目的為何？請列舉四項。

_____  _____  _____  _____

**17** 不可使用在貓咪身上、具有保溼作用的添加物是什麼？

_____

**18** 請回答三種餵食方式。

_____  _____  _____

**19** 在轉換成新的寵物食品時，正確的轉換時間為下列何者？

①三天
②五天
③一星期～十天

**20** 狗狗和貓咪的懷孕期平均為多少天，多少個星期？

_____

**21** 母體在分娩後兩天內分泌的乳汁稱為什麼？其目的為何？

名稱 _____  目的 _____

**22** 請列舉出發育期的飲食管理中，必須特別防範的兩個重點。

_____  _____

**23** 動物在發育期間有正常發育的指標是什麼？

_____

**24** 動物在維持期有肥胖情形時大多是飼主造成的，其最大的原因是什麼？

_____

**25** 高齡期專用的寵物食品中，為了去除活性氧與增加免疫力而添加的成分是什麼？
請列舉出兩項。

_____  _____

**26** 請將下列寵物食品所使用的原料分別歸類到「碳水化合物來源」、「蛋白質來源」、「脂肪來源」、「膳食纖維來源」及「維生素、礦物質來源」中。

玉米麩質粉　雞油　羊肉　玉米粉　混合維生素E　花生殼
雞肝粉　大豆　乾燥蛋　家禽類脂肪　糙米　氯化鉀　甜菜渣　雞副產品粉
亞麻仁油　木薯　魚粉　麥麩　雞肉　葵花油　高粱　鯡魚粉
碳酸鈣　馬鈴薯　纖維素　維生素B$_6$

| 碳水化合物來源 | |
|---|---|
| 蛋白質來源 | |
| 脂肪來源 | |
| 膳食纖維來源 | |
| 維生素、礦物質來源 | |

**27** ME ＝ 320 kcal／100 g 的寵物食品與 ME ＝ 380 kcal／100 g 的寵物食品，兩者的每日餵食量何者較多？

_____

**28** 當 DER ＝ 450 大卡／天的狗狗，其有 10％的能量是來自零食時，請計算出 ME ＝ 365 kcal／100 g 的寵物食品之每日餵食量。

公式 _____　　答案 _____

**29** 下列寵物食品 A、B 的每日成本何者較高？

| 寵物食品 | 淨重 | 價格（新臺幣） | 體重 5 公斤的每日餵食量 |
|---|---|---|---|
| A | 2 公斤 | 280 元 | 100 公克 |
| B | 1.2 公斤 | 130 元 | 160 公克 |

（譯註：對照我國與日本物價，直接將日圓價格除以 10 換算為我國一般市價）

**1** **AAFCO（美國飼料管理協會）**

解説 各國對寵物食品之安全標準或營養標準各有不同，目前世界上最具權威性的機構即為AAFCO。必要時該協會也會隨時更新寵物食品的相關資訊。

**2** **日本寵物食品公平交易協議會**

解説 雖然日本寵物食品公平交易協議會是以AAFCO的營養標準為基礎，但其對標籤的標示規定並不相同。日本寵物食品公平交易協議會成立的目的，在於確保並協調各家寵物食品廠商能夠遵守「寵物食品標示之相關公平競爭規定」以及「寵物食品所提供贈品之限制及相關公平競爭規定」，正當營運、公平競爭，以保障一般消費者能在合理資訊下選擇商品之權益。

**3** **完全加熱、殺滅微生物、將營養破壞因子（例如酵素）去活性化**

解説 利用擠壓技術製造寵物食品除了有上述優點外，還可大量生產出乾飼料及半溼食。

**4** **乾飼料、半溼食、溼食（罐頭、餐包）**

解説 寵物食品的含水量，在乾飼料為3～11％，半溼食為25～35％，溼食為82～85％。AAFCO規定的溼食含水量上限為78％。

**5** **綜合營養食品、副食品、其他用途食品**

解説 綜合營養食品是一種只要有水及該種食品，就能在特定生命階段達到健康管理目的而製造的寵物食品。副食品為零食或點心，其他用途食品則包括處方食品、營養保健食品、一般食品、副食等。

**6** **綜合營養食品**

解説 目前市面上商業販賣的乾飼料全都屬於綜合營養食品。半溼食或溼食商品中也含有其他用途食品，因此並不適合作為主食。

**7** **發育期、維持期、高齡期**

解説 發育期也被稱為「growth」或「幼犬（幼貓）期」，維持期也被稱為「maintenance」或「成犬（成貓）期」，高齡期則有「senior」等稱呼。雖然還有更加細分成不同生命階段的商品，但大致上主要分為這三個時期。

**8** 生活型態

解説 不同的生活型態關係到計算DER時會用到的係數，除此之外也要考量到犬種或貓種不同而造成的體質差異。

**9** 主要標示欄、食品資訊標示欄

解説 標示出「犬用或貓用之寵物食品用途」、「產品名稱」、「淨重」等資訊的為主要標示欄，標示出「保證分析值」、「原料名稱」、「營養合理標示」、「製造業者名稱及地址」等內容的為食品資訊標示欄。近年來由於寵物食品的包裝愈來愈多樣化，標示的位置可能會因商品而異，購買前最好先詳細確認各個項目。

**10** ②

解説 產品名稱後方標示「風味」、「內含」、「使用」等字樣時，表示僅含有狗狗或貓咪可感受到氣味的含量，而非主要的蛋白質來源。

**11** 粗蛋白質、粗脂肪

解説 由於蛋白質與脂肪是必需營養素，所以寵物食品中必須確保它們的含量，也因此廠商有標示出最低含量的義務，標示方法為「～％以上」。

**12** 水分、粗纖維

解説 含水量攸關產品的安全性，粗纖維的含量則會影響到營養的吸收率以及腸道內的環境，因此應標示出最高含量。

**13** 根據使用原料的多寡依序標示

解説 日本寵物食品公平交易協議會的規定為依照「使用原料的多寡順序」標示，但AAFCO的規定則是使用原料的「重量順序」。因此即使是同樣的商品，在國外的包裝與在日本的包裝其原料標示的順序可能會有所差異。由於容易搞混，請記得在日本國內為依照原料的「多寡順序」。

**14** 鎂

解説 雖然沒有規定一定要標示出粗灰分，但通常會把粗灰分當作與磷酸銨鎂結石有關的鎂含量指標。優質的乾飼料其粗灰分的比例為7%左右。

**15** ③

解説 有效日期是指產品在未開封且依照指示之保存方式保存的狀態下，保證產品品質的期限。開封後即使密封並保存在陰涼場所也會逐漸氧化。

**16** 營養成分調整、保存、安全性、嗜口性

解説 雖然添加物經常給人負面的印象，但添加物可以補充寵物食品在製造過程中損失的營養素，且能夠防止微生物的繁殖，了解這些正面的意義也很重要。

**17** 丙二醇

解説 會添加在半溼食或零食中的丙二醇，目前已知在貓咪會引起貧血現象。由於某些狗狗用的產品或人類的食物中會添加此物質，請仔細確認標示以免不小心讓貓咪吃到了。

**18** 自由任食法、定量餵食法、定時餵食法

解説 因為食性的關係，狗狗適合定時定量餵食，貓咪則比較適合自由任食法。餵食的時候要注意動物是否有攝取到每天的能量需求量，以及有沒有出現消化道的症狀。不過，為了防止兩餐之間空腹太久而造成嘔吐出胃液，請避免空腹超過12個小時以上。

**19** ③

解説 寵物食品即使外觀相同，但只要商品不同則其中所使用的原料與營養成分就各不相同。突然變換食物可能會造成下痢、嘔吐等消化道症狀，如果是比較神經質的貓咪，有時甚至要花一個月的時間來轉換食物。

**20** 平均63天、九個星期

解説 狗狗和貓咪的懷孕週期雖然都是63天，但因為體重增加的模式不同所以開始增加餵食量的時間並不一樣，請記得仔細複習內容唷！

**21** 名稱：初乳（colostrum） 目的：獲得抗體

解説 初乳中除了含有抗體外也含有高濃度的維生素與礦物質，但只要經過48個小時之後，在第一個星期之前就會逐漸轉變為一般的乳汁成分。所以對於剛出生的幼犬或幼貓一定要儘早讓牠們吸到初乳。

**22** 低血糖、脫水

解説 未成熟的幼犬或幼貓體內無法貯存足夠的能量及水分，且另一方面牠們的基礎代謝率與活動量也比較高，所以容易有低血糖及脫水的症狀出現。因此在餵食的時候，應利用少量多餐或將飼料泡軟等方式，讓牠們攝取到足夠的營養、能量及水分。

**23** 體重增加

解説 幼犬或幼貓在發育期間基本上每天體重都會增加，直到與成犬或成貓時的體重相當為止。如果有體重不增加或甚至減少的情形時，就有可能是飲食管理或健康方面出現問題。

**24** 餵太多零食

解説 零食只要控制在DER的10%以內，基本上就不會破壞與主食之間的營養與能量平衡，因此請定期檢視寵物的飲食是否有控制在主食：零食＝9：1的均衡狀態。

**25** 維生素 E、β-胡蘿蔔素

解説 除了上述兩項，其他還有輔助關節功能的硫酸軟骨素或葡萄糖胺、有益於減輕發炎反應的 omega-3 脂肪酸等機能性的成分能強化身體機能。

**26**

| 碳水化合物來源 | 玉米粉、糙米、木薯、高粱、馬鈴薯 |
| --- | --- |
| 蛋白質來源 | 玉米麩質粉、羊肉、雞肝粉、大豆、乾燥蛋、雞副產品粉、魚粉、雞肉、鯡魚粉 |
| 脂肪來源 | 雞油、家禽類脂肪、亞麻仁油、葵花油 |
| 膳食纖維來源 | 花生殼、甜菜渣、麥麩、纖維素 |
| 維生素、礦物質來源 | 混合維生素 E、氯化鉀、碳酸鈣、維生素 $B_6$ |

解説 透過對寵物食品的主要營養成分進行分類，可以將加深對食品營養成分或特性的理解。

**27** ME ＝ 320kcal ／ 100g 的寵物食品

解説 餵食量可用 DER÷ME×100 的公式計算出來，因此 ME 愈低餵食量就會變得愈多。

**28** 公式：450×0.9÷365×100 ≒ 111 公克　答案：111 公克

解説 由於零食的餵食量是 DER 的 10%，亦即主食為 DER 的 90%，所以 450 大卡 ×0.9 ＝ 405 大卡。再換算成 ME ＝ 365kcal ／ 100g 的寵物食品，也就是 405÷365×100 ≒ 111 公克。

**29** 寵物食品 B

解説 計算出兩種寵物食品的每公克價格後，再乘以每日餵食量，即可算出寵物食品 B 的每日餵食成本較高。
寵物食品 A→280÷2000×100 ＝ 14 元／天
寵物食品 B→130÷1200×160 ＝ 17.3 元／天

第3章

# 臨床營養學

第1章談論的是有關狗狗和貓咪飲食管理上必須知道的基礎營養學，第2章則是讓大家學習寵物食品及其選擇方法的相關知識。而在第3章，要為大家說明寵物在生病狀態下的飲食管理與處方食品的相關知識。生病狀態下的營養供應方式中，依供應路徑分為經靜脈營養法與經腸道營養法。雖然經腸道營養法又分為由口攝取飲食的經口進食法，以及從鼻腔、食道、胃腸進入體內的管灌飲食法，但在飲食管理的基礎下，本章說明的仍以經口進食法為主。

▷ **本章的學習重點** ◁

··········································

☐ 處方食品與其功能

☐ 疾病與飲食管理的重點

☐ 針對不同疾病之處方食品的特徵

☐ 針對不同疾病之處方食品的選擇方式

☐ 針對不同疾病之能量需求計算與餵食方法

☐ 不同疾病之飲食管理上的注意重點

## 疾病與飲食管理

### ↘ 飲食管理的重要性

在日本的廣辭苑辭典中，「疾病」的定義是「生物的全身或部分出現生理狀態異常，無法行使正常功能或產生種種痛苦之現象」。基於這個定義，找出生理狀態異常的原因，讓身體的功能恢復正常並減少痛苦，應該就是「治療」的意義了吧！

飲食管理負責的重要功能，就是作為內科療法的一部分，補充因為疾病導致代謝變化而缺乏的營養素，並促進及輔助身體的功能恢復正常。

而為了達到這個目的而製作出來的飲食，就稱為「處方食品」或「處方飼料」，是特別針對狗狗或貓咪在不同疾病狀態下的營養需求特性，根據專業建議或處方而設計出來的飲食配方。

### 不同用途處方食品之熱量與纖維的配方模式

| 用途 | 狗狗 | | | | 貓咪 | | | |
|---|---|---|---|---|---|---|---|---|
| | 熱量 | P | F | 纖維 | 熱量 | P | F | 纖維 |
| 消化系統 | 中 | 中 | 低～中 | 中 | 中～高 | 中～高 | 中 | 中 |
| 肝臟 | 高 | 低 | 高 | 中 | 高 | 低 | 中 | 中 |
| 腎臟 | 高 | 低 | 高 | 中 | 高 | 低 | 中 | 中 |
| 溶解尿結石 | 高 | 超低 | 高 | 中 | 低～中 | 低～中 | 中 | 低 |
| 磷酸銨鎂結石 | 高 | 中 | 中～高 | 中 | 中～高 | 中 | 低～中 | 低 |
| 其他尿結石 | 高 | 低 | 中～高 | 中 | ― | ― | ― | ― |
| 體重管理 | 低 | 中 | 低～中 | 超高 | 低～中 | 高 | 低～中 | 高 |
| 減重 | 低～中 | 高 | 低～中 | 超高 | 低～中 | 高 | 低～中 | 超高 |
| 糖尿病 | 低～中 | 高 | 低～中 | 超高 | 中～高 | 高 | 高 | 中 |
| 皮膚（新型蛋白質） | 中 | 中 | 中 | 中～高 | 中 | 中 | 中 | 中 |
| 皮膚（水解蛋白質） | 中 | 中 | 中 | 中～高 | 中～高 | 中 | 中 | 中 |
| 心臟 | 中～高 | 中 | 中～高 | 中 | ― | ― | ― | ― |
| 關節 | 中 | 中 | 中 | 高 | ― | ― | ― | ― |
| 癌症 | 超高 | 高 | 高 | 中 | ― | ― | ― | ― |
| 高營養 | 超高 | 高 | 高 | 低～中 | 高 | 高 | 高 | 低～中 |
| 口腔 | 中 | 中 | 中 | 高 | 中 | 中 | 中 | 高 |

P：蛋白質　F：脂肪

【參考數值】
熱量（大卡／100公克）（DM）　　低：300大卡以下，中：350大卡左右，
　　　　　　　　　　　　　　　　高：400大卡左右，超高：450大卡以上
蛋白質（公克／100大卡）（DM）　低：約5公克以下（狗狗）／約7公克以下（貓咪）
　　　　　　　　　　　　　　　　高：約8公克以上（狗狗）／約10公克以上（貓咪）

## ↘ 處方食品

由於處方食品並非綜合營養食品，AAFCO並未訂定相關的營養標準。處方食品中有助於病情恢復的營養需求和成分，是基於各家製造廠商及其研究機構的大量研究而製造的。另一方面，由於相同的病況其營養需求也很類似，所以只要大致上掌握住各種處方食品中，對於狗狗或貓咪來說最重要的蛋白質、脂肪，以及會影響腸道內環境的膳食纖維等營養配方的特徵，就能擴大選擇範圍。

### 不建議使用處方食品的案例

| 營養配方 | 不建議使用的疾病 |
| --- | --- |
| 所有處方食品 | 發育期、懷孕期／泌乳期 |
| 高脂肪食品 | 高血脂症、胰臟炎、曾有胰臟炎病史 |
| 高纖維食品 | 體重過輕、脫水、衰弱 |
| 高蛋白質食品 | 腎臟病、脫水、胰臟炎 |

※由於處方食品中針對某些營養素進行強化（或限制），故不建議使用在上述狀態的動物。

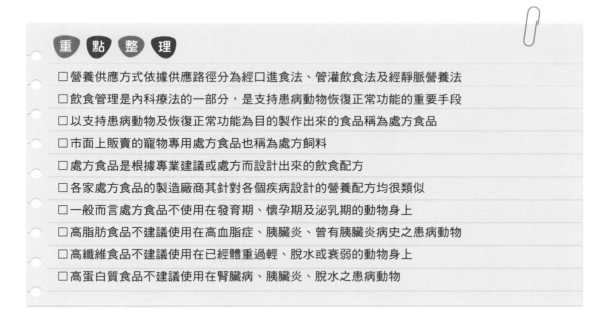

重 點 整 理

□ 營養供應方式依據供應路徑分為經口進食法、管灌飲食法及經靜脈營養法
□ 飲食管理是內科療法的一部分，是支持患病動物恢復正常功能的重要手段
□ 以支持患病動物及恢復正常功能為目的製作出來的食品稱為處方食品
□ 市面上販賣的寵物專用處方食品也稱為處方飼料
□ 處方食品是根據專業建議或處方而設計出來的飲食配方
□ 各家處方食品的製造廠商其針對各個疾病設計的營養配方均很類似
□ 一般而言處方食品不使用在發育期、懷孕期及泌乳期的動物身上
□ 高脂肪食品不建議使用在高血脂症、胰臟炎、曾有胰臟炎病史之患病動物
□ 高纖維食品不建議使用在已經體重過輕、脫水或衰弱的動物身上
□ 高蛋白質食品不建議使用在腎臟病、胰臟炎、脫水之患病動物

# 肥胖與飲食管理方法

　　肥胖是一種體脂肪累積過多的狀態，可能引起各式各樣的疾病。在動物的所有生命階段中，適當的體重管理都是健康管理與飲食管理中不可或缺的一環。肥胖程度可根據體態評分（BCS）與體脂肪率來進行分類。

## ◆ 主要症狀

- 體重增加
- 體脂肪增加
- 不想動
- 走路左右搖晃
- 呼吸困難

## ◆ 主要原因

### ◎ 攝取的能量增加

餵食過多、零食、壓力、讓寵物（貓咪）自由任食嗜口性高的乾飼料、食慾增加（結紮後、使用類固醇等藥物、內分泌異常等）

### ◎ 消耗的能量減少

運動不足、結紮後、高齡、骨骼關節方面的疾病等

## ◎ 遺傳（易胖體質）

狗狗 拉布拉多犬、喜樂蒂牧羊犬、黃金獵犬、可卡犬、迷你雪納瑞犬、臘腸犬、吉娃娃犬、巴哥犬等犬種。

貓咪 無特定貓種，但基本上純種貓有比較容易發胖的傾向。

## ◆ 肥胖的風險

### ◎ 誘發各種疾病與惡化

糖尿病、高血脂症、心臟病、泌尿道結石、關節炎、氣管塌陷等

### ◎ 增加手術時的風險

不易進行麻醉、不易進行手術、組織恢復速度變慢等

### ◎ 增加懷孕時的風險

發情期紊亂、受孕率下降、難產等

## ◆ 飲食管理重點

　　為了避免過度減重造成營養失衡，在肥胖動物的飲食管理方面要注意下列幾項重點：

| 分類 | | 理想 | 過重 | 肥胖 | 高度肥胖 | 極度肥胖 |
|---|---|---|---|---|---|---|
| BCS | | 3 | 4 | 5（a） | 5（b） | 5（c） |
| 體脂肪率 | | 20%左右 | 30%左右 | 40%左右 | 50%左右 | 60%以上 |
| 外觀 | 狗狗 | | | | | |
| | 貓咪 | | | | | |

Hill's BFI（Body Fat Index）

## ◎ 減少能量的攝取，燃燒體脂肪

脂肪對狗狗或貓咪來說，除了是效率良好的能量來源之外，更因為其嗜口性高，使高脂肪食物成為肥胖的主要原因之一。減重時應在確保動物能攝取到必需脂肪酸的範圍內，減少飲食中的脂肪含量。另外目前也已知左旋肉鹼（L-Carnitine）能幫助體脂肪燃燒。

## ◎ 增加能量的消耗，增加飽足感

增加飲食中不溶性膳食纖維的量可提高排泄到糞便中的能量，增加水溶性膳食纖維的量則可以增加動物的飽足感，減輕減重時肚子餓給動物帶來的壓力。此外，高蛋白質的營養組合可以維持肌肉量，有助於增加基礎代謝率。

## ◎ 增強免疫力

減重時的代謝活性增加會造成體內的活性氧增加，此時增加飲食中的抗氧化成分能減少活性氧，增強免疫力。

## ◆ 選擇處方食品的訣竅[*]

重新檢視目前的飲食內容，如果將DER以及主食與零食之間的比例調整為9：1之後，體重仍比理想體重增加15％的話，相對上比較能夠在短時間內恢復到理想體重。但若是此種程度以上的肥胖，則需要選擇減重專用的處方食品。此種食品可提供飽足感及供應必要的營養及能量，同時能有效率地達到減重效果。

| 目前之動物狀態 | 處方食品之選擇 |
|---|---|
| BCS在4～5分前半以下之肥胖 | 重新檢視目前的飲食內容 |
| BCS在4～5分後半以上之肥胖 | 減重專用 |
| 目標達成後之理想體重管理 | 體重管理 |

※ 體重管理食品中也包括室內飼養專用、結紮手術後專用或體重管理專用等綜合營養食品。

## ◎ 餵食方法

● 以理想（目標）體重之RER計算出餵食量，一星期可減輕目前體重的1～2％。

● 在餵食次數上雖然也可以一天餵食兩次，但少量多餐（一天餵食三～四次）的效率會更好。

● 如果寵物是屬於吃飯速度很快的類型，可利用將乾飼料泡軟後散布在大淺盤中的方式或慢食碗等道具避免牠們大口吞吃，或是餵食溼食。

## ◆ 減重計畫之訂定方法

訂定減重計畫的目的，在於設定指標來確認動物是否有健康地減重，對飼主來說也有鼓勵的作用。請參考下列步驟來訂定減重計畫吧！

## ◎ 蒐集執行減重計畫之必要資訊

● 目前體重及理想體重（或目標體重）

● 所選擇之減重用處方食品的代謝能量（ME：kcal／100g）

## ◎ 計算出減重計畫的各項目標

① 計算並決定好每個星期的減重率

② 設定理想（目標）體重，並算出與目前體重之間的差異

③ 將②÷①，算出達成目標體重所需要的時間

④ 計算理想（目標）體重之RER

⑤ 將④÷減重用處方食品之ME×100，計算出每日餵食量

⑥ 將⑤÷每日餵食次數，計算出每餐的餵食量

---

### 範例

**讓目前體重為15公斤的狗狗減重為12公斤**

（使用「ME＝290kcal／100g」之減重專用食品）

① 每個星期減重目前體重的1.5％
➡ 15公斤×0.015＝0.225公斤＝225公克

② 15公斤–12公斤＝3公斤

③ 3000公克÷225公克＝13.3個星期
➡ 要達成目標體重約需13～14個星期（三個月半）

④ RER＝70（12）$^{0.75}$＝451.3大卡

⑤ 451.3÷290×100＝155.6公克／天
➡ 每天的餵食量為156公克

⑥ 每天餵食三次，每餐的餵食量
➡ 156÷3＝52公克

---

[*] 譯註：本書所列處方食品之名稱，主要參考我國希爾思寵物營養公司官方網站所用之名稱，與日文原文名稱有些許差異。

## ◆ 注意事項

● 幫寵物減重非常需要飼主的毅力。如果目前的體重與理想體重相距甚遠的話，先不要驟然以最終的理想體重為目標，而是可以設定短期目標分好幾次達成。這樣有助於減輕飼主及動物在減重期間的壓力。

● 由於減重飼料含有豐富的膳食纖維，一旦水分攝取過少時，可能會造成動物便祕。請記得確認動物的排便情形，並適時調整牠們的水分攝取量。

● 減輕體重比增加體重要花上更多的時間，所以平時就要定期為寵物測量體重，這樣一旦發現有體重過重的傾向時，就可以儘早矯正回來。

---

### 理想體重的計算方法

（目前體重公斤數）×（100% − 目前的體脂肪率%）÷ 0.8

**範例**

目前體重15公斤，體脂肪率50%的狗狗，其理想體重為：

15×（100−50）÷ 0.8 ＝ 15×0.5÷0.8 ＝ 9.375（約9.4公斤）

↑ 0.5 ＝ 50%

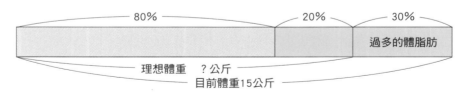

※ 不論目前的體重多少，除脂體重通常都是固定的！

---

## 減重期間的零食

column

　　對飼主與寵物來說，寵物減重期間最大的壓力，就是飼主無論如何都「好想餵牠吃」，還有寵物不管怎麼樣都「好想吃」的那種感覺。在這種情況下，營養師可以先詢問飼主想不想要給寵物吃零食，如果答案是肯定的，那就從RER中算出10%的分量做為零食的餵食量，並選擇減重用的零食讓飼主餵食。

　　此外，在符合RER的餵食量之外還可加上少許的蔬菜或水果。由於蔬菜及水果的熱量較低，如果以RER的10%能量來計算的話會過於大量，還有可能導致消化系統的問題。因此在餵食的時候，餵食的量在外觀看起來大約為全體食物量的一～二成即可。若餵食之後發現排便次數變多、糞便變稀或顏色變黃等情況時則要減量。

## 重 點 整 理

- □ 肥胖是因為攝取的熱量大於消耗的能量所造成的
- □ 肥胖會讓糖尿病、高血脂症、泌尿道結石、心臟病、關節疾病等疾病惡化
- □ 讓寵物自由任食高嗜口性的乾飼料容易造成肥胖
- □ 減重時以減輕目前體重的 1 ～ 2% 為減重計畫的目標，不要過度減重
- □ 減重專用的處方食品，其營養組成為高蛋白質、低脂肪、高膳食纖維
- □ 左旋肉鹼（L Carnitine）能促進脂肪燃燒
- □ 在餵食次數方面，一天餵食三～四次比一天餵食兩次的減重效率更好

# ｛ 消化器官之疾病 ｝

## ↘ 消化器官之功能

消化器官是身體為了從食物獲得營養素及能量而進行消化及吸收作用，並將代謝過程中產生（或與食物一同吃進體內）的非必要物質排出體外的器官。其中口腔、食道、胃、小腸、大腸稱之為消化道，胰臟、肝臟則稱之為附屬器官。

## ↘ 牙周病（口腔疾病）

牙周病是狗狗或貓咪最常見的口腔疾病，也是造成缺牙的主要原因。一旦食物殘渣附著在牙齒上，就會形成牙菌斑（齒垢）讓牙齒表面的常在菌繁殖。當牙菌斑堆積並鈣化之後就形成牙結石，刺激牙齦並造成發炎。而從發炎組織產生的炎症物質又破壞周圍組織，最後造成牙齒掉落，甚至可能演變成全身性的疾病。

### ◆ 主要症狀

- ● 進食困難的樣子
- ● 強烈口臭
- ● 甩頭

### ◆ 主要原因

- ● 沒有刷牙的習慣
- ● 營養失衡的飲食
- ● 水分攝取不足
- ● 飲食中大多為容易附著在牙齒上的軟性食物

### ◆ 飲食管理重點

為了能夠順利經由口腔進食，並且讓齒垢不易附著在牙齒上，有下列幾個重點要特別注意：

#### ◎ 營養狀態正常化

先從因為無法進食而造成的體重下降或身體不舒服的情況，恢復到健康的狀態。

#### ◎ 儘量減輕進食時的疼痛

將食物調整成容易入口的形狀。

#### ◎ 增加水分攝取量

水分攝取量過少會讓唾液的分泌量也減少，導致細菌繁殖或食物殘渣容易殘留。

◎ **改善飲食生活**

避免半溼食或零食等容易附著在牙齒上的食物，此外也不建議餵食含有豐富鈣質或維生素D等營養素的零食，因為可能會助長牙結石的鈣化。

◆ **選擇處方食品的訣竅**

針對口腔疾病，選擇的處方食品除了要能夠協助恢復身體機能上的異常，還要能供應足夠的營養與能量。

| 目前之動物狀態 | 處方食品之選擇 |
| --- | --- |
| 體重正常＋能夠咀嚼食物 | 口腔護理專用（乾飼料） |
| 體重正常＋無法咀嚼食物<br>體重偏低＋能夠咀嚼食物 | 消化系統護理（乾飼料） |
| 體重偏低＋無法咀嚼食物 | 消化系統護理（溼食） |

※ 雖然還有高脂肪食物可以選擇，但若已經有體重偏低的情形時，有時身體會無法利用這些營養，所以最好還是先從消化系統護理的處方食品開始，必要時再轉換為高營養的食物。

◆ **餵食方法**

◎ **可以維持正常體重的情況下**

➡ 依照目前的DER，以一星期左右的時間轉換成新食物。

◎ **體重偏低的情況下**

➡ 肌肉量下降的情況下，身體通常也容易有消化不良的情形，一開始先以RER的量一天餵食三～四餐。在體重增加或適應消化狀態恢復正常體重之前，每次慢慢增加0.2的係數。

◆ **注意事項**

● 狗狗或貓咪不喜歡太過黏稠的口感，所以在看起來進食不順利的時候要加水調整黏稠度。

● 美國的VOHC（美國獸醫口腔健康委員會）有認證某些商品具有「控制牙結石及口臭」的效果，一般來說這一類以口腔護理為目的的商品都具有顆粒大及形狀特殊的特徵，能減少齒垢及防止堆積。另外也有增加膳食纖維量的商品，但因為一旦纖維量增加，食物中的能量濃度就會減少，所以要避免使用在已經出現消瘦症狀或食量減少的動物上。

● 不論吃什麼食物。都會有一定程度的牙菌斑附著在牙齒上，因此口腔護理與飲食管理是動物所有生命階段中，都需要每天進行的健康管理工作。

---

## 唾液的功用

*column*

唾液擁有清潔口腔、殺菌作用、讓pH值正常化等重要功能。軟性食物、水分攝取不足以及高齡等原因會讓唾液的分泌量減少，因此若是以溼食為主食的話，記得要利用啃咬玩具等口腔護理用品促進唾液分泌。

# 巨食道症（食道疾病）

巨食道症是一種食道失去運動性，導致吞嚥進去的食團或液體無法抵達胃部，於是食物堆積在食道內而造成食道逐漸擴張的疾病，無論是狗狗還是貓咪都會發生。

### ◆ 主要症狀
- 嘔吐、咳嗽、呼吸音增加
- 極度的空腹或食慾不振
- 口腔發出惡臭
- 體重減輕、發育不良

### ◆ 主要原因
- 遺傳性
- 特發性
- 食道腫瘤、食道炎等

### ◆ 飲食管理重點
為了讓吞嚥下去的食團往固定方向輸送，以便提供身體營養與能量，有下列幾點需要注意：

#### ◎ 防止食物逆流
讓食物能往固定方向移動並進行正常的消化吸收作用，才能促進身體去消化及吸收營養，防止營養不良的情形發生。

#### ◎ 恢復到正常的體重及身體狀態
配合健康狀態調整飲食的營養濃度，促進組織修復，恢復到正常的體重與身體狀態。

### ◆ 選擇處方食品的訣竅
選擇具高消化性且形狀容易通過食道的處方食品，或者綜合營養食品。營養組成由目前的體重決定。

| 目前之動物狀態 | 處方食品之選擇 |
|---|---|
| 體重正常 | 消化系統護理、綜合營養食品 |
| 體重偏低 | 消化系統護理或高營養食品（高脂肪食品，若有嘔吐或逆流情形時則為消化系統護理食品） |

### ◆ 餵食方法
- 在溼食中加入冷水（或溫水），調成容易通過食道的黏稠度。
- 住院期間依RER計算餵食量，出院後則配合活動量增加。
- 餵食時讓動物以「站姿」進食，以少量多餐的方式餵食，一天約餵五～六餐。藉由這種方式增加消化速度，防止胃內容物滯留在胃內而容易逆流回食道。
- 餐後維持同樣姿勢20～30分鐘，防止食物逆流。
- 痊癒後給予乾飼料時也要泡軟後再餵食。

### ◆注意事項
- 動物在家中吃飯時也必須用同樣的餵食方式，

## 巨大化的食道

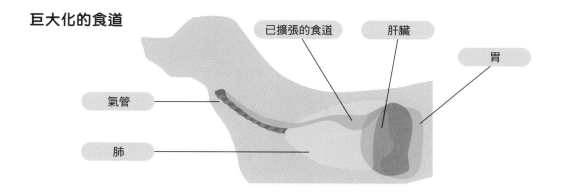

氣管　肺　已擴張的食道　肝臟　胃

市面上有販賣這種讓動物可以以站姿吃飯的裝置。

利用餐桌或碗架等工具，在家裡也可以讓狗狗用站姿吃飯。

所以在出院時要讓飼主了解如何讓動物以站姿吃飯。此外，散步時的水分補充也要將動物垂直抱著喝水，並在喝完水後維持5分鐘的同樣姿勢。

● 即使在動物的身體狀態恢復健康之後，餵食富含纖維的乾飼料仍有讓食物沾黏在食道上的風險。因此若要餵食乾飼料，必須將乾飼料內部確實泡軟，或是與溼食罐頭一起攪拌均勻，避免食物不易通過食道或有逆流的情形發生。

## ↘ 胃炎（胃部疾病）

胃黏膜發炎的一種疾病，分為急性胃炎與慢性胃炎。

### ◆ 主要症狀
● 腹痛、嘔吐、消化道出血（急性胃炎）
● 食慾不振、嘔吐、下痢（慢性胃炎）

### ◆ 主要原因
● 與飲食相關（異食癖、吃太多、突然轉換食物、食物過敏等）
● 感染症（病毒、細菌、寄生蟲等）
● 其他原因（藥物、中毒、主流、全身性疾病等）

### ◆ 飲食管理重點

為了減少胃酸分泌以及胃部的蠕動運動以便讓胃部得到休息，有下列幾點需要注意：

#### ◎ 幫助胃部把內容物排空
太硬的食物或是過多的蛋白質、脂肪及膳食纖維會讓胃內容物長時間停留在胃裡，因此應選擇容易消化的低脂肪及混合性膳食纖維飲食，減少胃部的工作量及加快食團往十二指腸移動的時間。

#### ◎ 減輕發炎反應
食物過敏或食物不耐症也有可能導致胃部發炎，因此飲食中可以選擇使用低過敏性的原料，以及增加具有抗發炎作用的omega-3脂肪酸。

### ◆ 選擇處方食品的訣竅

讓胃部功能休息、加速胃內容物排空的高消化性且低脂肪、膳食纖維含量少的消化系統護理處方食品是最佳選項。

| 目前之動物狀態 | 處方食品之選擇 |
| --- | --- |
| 胃炎、胃部運動異常、急性胃炎 | 消化系統護理（低～中脂肪） |
| 食物過敏（特定過敏原） | 食物敏感專用（新型蛋白質） |
| 疑似食物過敏 | 食物敏感專用（水解蛋白質） |

◆ 餵食方法

　　必要時須補充電解質，之後每三～四小時給予水分。如未嘔吐的話可開始少量經口進食。

　　乾飼料要用水泡軟後（或用溼食），一開始以RER的1/4量一天餵食三次，如狀況有所改善則在二～三天內增量到RER的量。

◆ 注意事項

● 由於食物敏感專用的處方食品含有較高的脂肪含量，在強烈懷疑動物可能是食物過敏時應作為第一選項。

● 很多飼主在動物症狀有所改善後馬上就恢復成原來的飲食，所以常會有復發的情形發生。轉換食物無論是轉成新食物或是恢復成舊食物，最重要的都是要「慢慢地」進行。

## ↘ 胃擴張、胃扭轉症候群（胃部疾病）

　　這是一種胃部擴張之後扭轉的胃壓迫到腹腔內其他器官，造成血流受阻，有時甚至會造成死亡的急性疾病。通常發生在狗狗身上。

◆ 主要症狀

● 坐立難安
● 大量流口水
● 腹部膨脹
● 呼吸急促
● 不斷作嘔卻吐不出東西

◆ 主要原因

　　一般而言原因不明，但可能與下列因素相關：

● 遺傳性因素
　　父母曾發生過胃擴張、胃扭轉症候群的狗狗、大型犬種、超大型犬種（尤其是胸腔狹窄的深胸犬種：大丹犬、德國狼犬、標準貴賓犬等）

● 年齡
　　高齡犬比年輕犬更容易發生

● 性格膽小、壓力、體重過輕的狗狗

● 飲食相關
　　一天只餵一餐且分量很大、胃排空的速度慢、狼吞虎嚥吃很快、一次喝下大量的水、吃飽的狀態下激烈運動

### 正常的胃

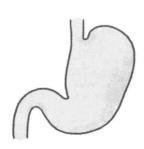

### 發生胃擴張、胃扭轉症候群時的胃部狀態

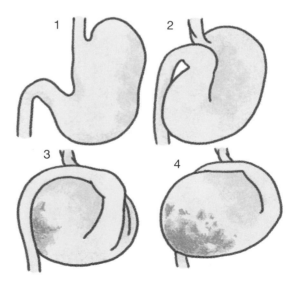

◆ 飲食管理重點

　　為了養成不易發生胃擴張、胃扭轉的飲食習慣，有下列幾點需要注意：

◎ **幫助胃部把內容物排空**

高脂肪或高蛋白質的飲食會延長胃內容物滯留在胃裡的時間、增加胃部壓力，因此應選擇容易消化的飲食，縮短胃內容物送往十二指腸的時間。

◎ **讓胃部的運動性正常化**

含有適量混合性膳食纖維的飲食可以幫助胃部的蠕動運動。

◎ **減輕發炎反應**

增加具有抗發炎作用的omega-3脂肪酸有助於減輕發炎反應。

◎ **協助恢復健康**

改善營養狀態能促進組織修復，幫助動物使其從疾病狀態恢復健康。

◆ 選擇處方食品的訣竅

　　選擇高消化性的消化系統護理處方食品，在促進身體恢復健康後，再轉換為原來的食物。

| 目前之動物狀態 | 處方食品之選擇 |
| --- | --- |
| 術後 | 消化系統護理（低～中脂肪） |
| 恢復後 | 高消化性之綜合營養食品 |

◆ 餵食方法

- 乾飼料用水泡軟後（或用溼食）一天餵食二～三次。
- 住院期間依RER計算餵食量，出院後則配合活動量，慢慢增加到能夠維持正常體重的DER餵食量。
- 將乾飼料用水泡軟後再餵食可避免動物一次大量飲水。等到症狀改善之後要恢復成餵食乾飼料的情況時，再慢慢減少水分量進行食物轉換。

◆ 注意事項

　　以下幾點是此病的預防對策：

- 避免一次給予太大量的食物。
- 不要在餐前及餐後立刻讓動物激烈運動。

- 避免會吸入過多空氣的遊戲。
- 以五天以上的時間轉換食物。
- 避免高脂肪且偏硬的乾飼料
- 想辦法讓狗狗的吃飯速度慢一點（例如將食物散布在又淺又大的盤子裡）。

## ↘ 腸炎（小腸疾病）

　　小腸部位發炎或過敏引起的症狀。有分急性腸炎及慢性腸炎，但因為不易找出特定的病因，大部分的情況會演變成慢性的嘔吐或下痢。

◆ 主要症狀

- 嘔吐、下痢
- 體重減輕

◆ 主要原因

- 口腔內疾病、食道疾病
- 細菌、黴菌、病毒、寄生蟲等病原造成之感染症
- 腸阻塞
- 炎症性腸病（Inflammatory Bowel Disease；IBD）、小腸細菌過度生長（Small intestine bacterial overgrowth；SIBO）
- 飲食相關性
  突然變換食物、亂吃地上的東西、食物過敏

◆ 飲食管理重點

　　小腸的主要功能為吸收營養素，為了使其恢復正常功能，有下列幾點需要注意：

◎ **減少小腸的工作量**

選擇高消化性、低～中脂肪的飲食，促進小腸內的營養吸收。

◎ **減輕發炎反應**

選擇低過敏性、富含omega-3脂肪酸的飲食，有助於減輕發炎反應。

◎ **腸道內環境的正常化**

適量的混合性膳食纖維能透過發酵調整腸道內的環境，並且能促進營養吸收、強化免疫力。

◆ **選擇處方食品的訣竅**

選擇低脂肪的消化系統護理處方食品，若疑似或已確定為食物過敏時則選擇食物敏感專用。

| 目前之動物狀態 | 處方食品之選擇 |
|---|---|
| 急性腸炎、慢性腸炎 | 消化系統護理（低～中脂肪） |
| 食物過敏（特定過敏原） | 食物敏感專用（新型蛋白質） |
| 疑似食物過敏 | 食物敏感專用（水解蛋白質） |

◆ **餵食方法**

基本上在下痢症狀尚未改善之前不要給予固體食物。在改善水合狀態且沒有下痢症狀之後，可每三～四個小時經口補充少量的水分。等到都沒有嘔吐、下痢症狀之後，可以開始用符合RER 1/4量的乾飼料泡軟之後（或是溼食），一天經口餵食三次。如果這樣也沒有引發下痢或嘔吐症狀，在二～三天內可慢慢增量到RER的餵食量。出院後則配合動物的活動量增加到DER的餵食量。

◆ **注意事項**

一般來說處方食品中的乾飼料與溼食（罐頭）的營養組成幾乎是相同的。相對地，市面上販售的綜合營養食品中，溼食的營養組成就屬於高蛋白質、高脂肪。因此為了防止腸炎復發，在症狀改善後即使恢復成一般的綜合營養食品，最好也選擇高消化性、低～中等程度脂肪含量、纖維量不要過多的食品。

## ↘ 蛋白質流失性腸病

這是一種蛋白質從消化道大量流失，導致低白蛋白血症的疾病，原因可能來自於不同的消化系統疾病，最具代表性的為淋巴管擴張症。

◆ **主要症狀**

● 嘔吐、下痢

● 體重減輕、營養吸收不良

● 浮腫

◆ **主要原因**

● 淋巴管炎（淋巴管擴張症）

● 炎症性腸病（IBD）

● 食物不良反應

◆ **飲食管理重點**

為了減輕炎症反應及防止營養素從腸道流失，有下列幾點需要注意：

◎ **維持健康狀態**

優質蛋白質、低脂肪、高消化性的飲食能充分供應營養及能量，防止體重下降。

◎ **盡可能地減少脂肪、蛋白質從腸道流失**

低脂肪食物可減輕淋巴管的炎症反應及壓力，防止蛋白質流失。

◎ **補充維生素（脂溶性維生素、維生素B群）及礦物質（鉀）**

補充從淋巴管流失的蛋白質、吸收不完全的脂溶性維生素，以及因為下痢而大量流失的維生素B群與鉀。長期嘔吐或下痢會造成體內鉀濃度不足，可能會增加心臟傳導異常的風險。

◆ **選擇處方食品的訣竅**

選擇可以補充流失的營養素，並以管理體重與健康狀態為目的的處方食品。

| 目前之動物狀態 | 處方食品之選擇 |
|---|---|
| 蛋白質流失性腸病（狗狗） | 消化系統護理（低脂肪） |
| 蛋白質流失性腸病（貓咪） | 消化系統護理<br>食物敏感專用（新型蛋白質）<br>食物敏感專用（水解蛋白質） |

### ◆ 餵食方法

- 下痢症狀改善之前與腸炎的餵食方法相同。
- 少量多餐（一天餵食三～四餐），幫助食物的消化及吸收。

### ◆ 注意事項

- 一般來說食物敏感專用處方食品的脂肪含量比消化系統護理處方食品還要高，但因為和狗狗相比貓咪比較不會受到食物中脂肪含量的影響，所以也可以選擇該種食品。
- 即使同樣都是淋巴管擴張症，不同動物個體對食物中脂肪含量的耐受程度也不相同，因此選擇時要以比原有飲食的脂肪含量更低為標準。長期食用極端的低脂肪飲食可能會造成體重下降或營養吸收不良，為避免這種情況發生，需要一邊觀察一邊調整飲食。

## ↘ 大腸炎（大腸疾病）

　　大腸部位發炎（或過敏）的一種疾病。由於不容易找出特定的病因，除了偶發性的下痢之外動物看起來都很健康，所以很容易就演變成慢性疾病。

### ◆ 主要症狀

- 軟便、下痢
- 便祕

### ◆ 主要原因

- 細菌、黴菌、病毒、寄生蟲等病原造成之感染
- 腸套疊（intussusception）

- 炎症性腸病（IBD）
- 飲食相關性

　　長時間吃太多、營養失衡的飲食（高脂肪、低蛋白質、高膳食纖維等）、吃到無法消化的物體（骨頭、布、食物包裝袋）、吃到汙染物質、食物過敏

### ◆ 飲食管理重點

　　大腸的主要功能為水分的再吸收。為了除去病因並調整大腸內的環境，有下列幾點需要注意：

#### ◎ 減少大腸的工作量

含有大量蛋白質或脂肪的寵物食品或零食等難以消化的食物，會增加流入到大腸內的未消化物。因此應選擇高消化性、優質蛋白質含量適中的低脂肪飲食，減少未消化物的量。

#### ◎ 減輕發炎反應

減少進入大腸的未消化物，並選擇低過敏性的飲食及omega-3脂肪酸來減輕發炎反應。

#### ◎ 重建腸道內環境

利用混合性膳食纖維修復腸黏膜，重建腸內菌叢的平衡。

#### ◎ 協助體內形成糞便及排出毒素

不溶性膳食纖維能在大腸內吸收水分，促進糞便的形成與排出毒素。

### ◆ 選擇處方食品的訣竅

　　一般而言與小腸疾病一樣，選擇高消化性的處方食品減少未消化物，或是食物敏感專用的處方食品。

| 目前之動物狀態 | 處方食品之選擇 |
|---|---|
| 大腸炎 | 消化系統護理（低脂肪）<br>食物敏感專用（新型蛋白質）<br>食物敏感專用（水解蛋白質） |
| 缺乏膳食纖維之大腸炎 | 體重管理、消化系統護理（高膳食纖維） |

### ◆ 餵食方法

　　與腸炎相同。

## ◆ 注意事項

如果目前已有體重過輕或是血便的情形，則應選擇消化系統護理處方食品而不要使用高膳食纖維食物。

## ↘ 巨結腸症（大腸疾病）

大腸部位異常擴大、運動性下降的疾病，發生在貓咪的比率大於狗狗。

### ◆ 主要症狀

- 初期：便祕、腹部膨脹
- 嚴重時：食慾不振、嘔吐、體重減輕、虛弱

### ◆ 主要原因

- 便祕（飲食問題、水分攝取不足、高纖維食物、藥物等原因）
- 大量攝取無法消化之物體（骨頭、毛球等）
- 環境因素、心理因素

### ◆ 飲食管理重點

為了幫助排便，有下列幾點需要注意：

#### ◎ 讓腸道運動正常化

一旦不溶性膳食纖維過多時，增加的糞便量會助長結腸擴張的情形，而發酵性適中的水溶性膳食纖維則可以增加糞便中的含水量，軟化糞便，也有助於讓腸道的運動性恢復正常。

#### ◎ 儘量減少未消化物

選擇高消化性的飲食，減少排便量。

#### ◎ 適量補充水分

一旦水分攝取量過少，腸道內的水分不足會使糞便硬化，因此要增加動物的飲水量。

### ◆ 選擇處方食品的訣竅

選擇高消化性的處方食品可減少未消化物，增加水溶性膳食纖維則可以避免糞便過硬。

| 目前之動物狀態 | 處方食品之選擇 |
| --- | --- |
| 巨結腸症<br>有便祕傾向 | 消化系統護理<br>（水溶性膳食纖維）<br>消化系統護理（溼食） |

### ◆ 餵食方法

- 將 RER 的餵食量以少量多餐（一天餵食三～四次）的方式給予。待腸道開始蠕動後則可漸漸增加到能夠維持理想體重的 DER 餵食量。
- 利用將乾飼料以水泡軟或餵食溼食等方式，增加動物的飲水量。並且要確認飲食中的含水量與飲水量合計起來是否有等於 DER，也就是是否有達到每天的水分需求量。

### ◆ 注意事項

減重用的處方食品中，不溶性膳食纖維的比例較高，會增加排便量而有讓症狀更加惡化的危險性，因此請勿選用。

---

## 什麼叫做可溶性纖維？

可溶性纖維也就是水溶性膳食纖維。水溶性膳食纖維在腸道內發酵後會產生短鏈脂肪酸（醋酸、丙酸及丁酸），有助於維持腸內環境正常化及促進腸黏膜細胞再生，但另一方面，一旦產生過量則會刺激腸道蠕動而造成軟便或下痢。

這個效用對於健康動物來說雖然是缺點，但對於有便祕傾向的動物來說就成了優點，只是如果在水分不足的狀態下就無法產生這種效果。因此，不論是可溶性還是非可溶性的膳食纖維，當纖維的攝取量增加時，請記得水分的攝取量也要增加。

## 小腸性疾病 vs 大腸性疾病（臨床症狀上之差異）

| | 小腸性疾病 | 大腸性疾病 |
|---|---|---|
| 排便頻率 | 正常到稍微增加（一～三次） | 增加、經常排便（四～六次） |
| 排便量 | 大量 | 少量 |
| 黏液 | 通常沒有 | 通常會有 |
| 血便之情況 | 深色、黑色（深色焦油便） | 鮮血 |
| 迫切性（緊急性） | 無 | 有 |
| 裡急後重 | 無 | 有 |
| 糞便顏色 | 多種（偏白、偏黑） | 正常（黃色～褐色） |
| 糞便形狀 | 軟便、水便、脂肪便等 | 慢性軟便～稍微成形的果凍狀 |
| 體重減輕 | 有 | 少見 |
| 嘔吐 | 有時出現 | 有時出現 |
| 其他 | 腹鳴 | 便祕 |

## 糞便顏色代表的意義

 column

　　糞便是能夠反映出身體內發生了什麼事情的鏡子，和臨床症狀一樣能評估身體的健康狀態，有助於早期發現體內可能發生的異常情形，所以最好能夠學會飲食、疾病、藥物等因素會對糞便顏色造成什麼樣的影響。

| 正常 | 異常情形 | | |
|---|---|---|---|
| | 飲食因素 | 疾病因素 | 藥物因素 |
| 黃褐色～茶色 | － | － | － |
| 黃色 | 消化不良 | 膽囊疾病、IBD | 緩瀉劑 |
| 綠色 | 綠色食物 | － | 抗菌劑、整腸藥 |
| 紅色 | 紅色食物 | 下消化道出血、食物中毒、大腸炎 | 抗菌劑 |
| 黑色 | － | 上消化道出血 | 止瀉藥、鐵劑、活性碳 |
| 白色 | 太白粉 | 膽管阻塞、肝功能低下 | 鋇劑、制酸劑 |

## ↘ 胰臟炎（胰臟疾病）

　　胰臟炎是一種由於含有消化酵素的胰液滯留在胰臟內，造成胰臟自體消化而引起發炎的疾病。分成可藉由治療完全痊癒的急性胰臟炎，以及胰臟細胞萎縮或纖維化導致無法完全痊癒的慢性胰臟炎。診斷上很困難，尤其在貓咪的症狀因為不具有特異性，因此大部分為慢性胰臟炎。

◆ 主要症狀

狗狗
- 嘔吐、下痢
- 腹痛
- 精神不佳、食慾不振
- 發燒

拜拜的姿勢
（表示狗狗覺得強烈疼痛）

貓咪
- 個體差異很大，一般為精神不佳、食慾不振

◆ 主要原因

● 一般而言大部分為原因不明

● 相關因素

內分泌疾病（高血脂症、高血鈣症、糖尿病等）、營養失衡的飲食（高脂肪、低蛋白質等）、大量攝取高脂肪食品、肥胖

● 其他

藥物、毒素、感染、胰管阻塞、外傷（腹腔手術、交通事故等）

◆ 飲食管理重點

胰臟炎的飲食管理非常困難，即使是目前在餵食方法的相關標準也是各方說法不一，是今後仍待研究的一個領域。目前的觀念多為減少營養素對胰臟造成的刺激，讓胰液的分泌量儘量減少，而為了達到這個目的，有下列幾點需要注意：

◎ 低脂肪的程度

檢視患病動物過去的飲食紀錄，脂肪含量務必要比原先的飲食更低。不過在貓咪的胰臟炎則沒有報告指出與高脂肪飲食有關。

◎ 適量的蛋白質含量

由於高蛋白質飲食會促進膽囊收縮素（Cholecystokinin；CCK）的分泌，而膽囊收縮素是一種會刺激胰液分泌的賀爾蒙，所以在狗狗和貓咪都不建議食用。

◎ 避免帶有強烈香味的食物

健康的狗狗或貓咪在聞到喜歡的動物性蛋白質或脂肪的香味時會促進胰液分泌，所以在患病動物身上要避免此類食物以免誘發嘔吐。

◆ 選擇處方食品的訣竅

選擇高消化性且低脂肪的營養成分，不具強烈氣味以免誘發嘔吐，以及可以供應充分營養與能量的處方食品。

| 目前之動物狀態 | 處方食品之選擇 |
| --- | --- |
| 能夠經口進食 | 消化系統護理（低脂肪）<br>自家製的手作鮮食（超低脂肪） |

※ 若痊癒後仍要持續餵食自家製的手作鮮食，則需要配合動物個體狀況調整營養比例。

◆ 餵食方法

● 有嘔吐情況時，先禁食禁水 12 ～ 24 個小時，以輸液進行治療。

● 不再嘔吐之後，每間隔 4 ～ 6 小時給予少量飲水。

● 確認飲水不會誘發嘔吐之後，以少量（約RER的1/3量）的高消化性低脂肪食物，一天分成四～六次餵食，第二天增加到RER的2/3量，第三天增加到RER的攝取量。

● 若嘔吐症狀尚未改善，則改成經腸道營養法（管灌飲食法）供應營養

● 若是食慾不振症狀已達三天以上的貓咪，則不論臨床症狀為何都應使用管灌飲食法，盡可能早期預防脂肪肝（肝臟脂肪代謝障礙）的發病。

● 由於氣味強烈的食物會刺激胰液分泌，所以將食物用溫水泡軟這一類增加嗜口性的方法反而會得到反效果。一般而言食物中的含水量愈多氣味就愈強，所以要找出每一隻動物個體能夠耐受的飲食型態。

● 恢復之後也要以低脂肪飲食進行長期的飲食管理，若有肥胖情形時也要進行體重管理。

◆ 注意事項

市面上販售的綜合營養食品即使號稱降低脂肪含量，大部分仍比不上處方食品低脂肪的程度，此外一般來說罐頭的脂肪含量通常也都比乾飼料還要更高。因此在選擇寵物食品或轉換食物時，一定要確認是否有比原先的食物含有更低的脂肪含量。

◆ 自家製的手作鮮食

在開始經口進食到轉換成處方食品之前，為了恢復食慾可利用手作鮮食。以少量多餐（一天四～六次）的方式餵食，若有進食困難的情況時可利用手動攪拌器等工具將食物打成泥狀。

下面是以體重5公斤（RER＝234大卡）的狗狗為參考標準的簡易食譜。不同體重的RER所需要的食材分量可參考本頁最下方的換算倍數標準。

〈**食譜1**〉231大卡

蛋白質10.5公克／脂肪3.0公克（蛋白質：脂肪＝18%：12%）

❈材料

白飯……100公克　　茅屋起司……60公克

❈作法

將白飯與茅屋起司加在一起並攪拌均勻。

〈**食譜2**〉232大卡

蛋白質13.2公克／脂肪2.1公克（蛋白質：脂肪＝23%：8%）

❈材料

白飯……100公克　　茅屋起司……30公克　　雞胸肉（去皮）……30公克（生肉重量）

❈作法

將雞胸肉煮熟並切碎後，與白飯及茅屋起司加在一起並攪拌均勻。

〈**食譜3**〉232大卡

蛋白質14.2公克／脂肪3.4公克（蛋白質：脂肪＝25%：13%）

❈材料

白飯……90公克　　雞胸肉（去皮）……50公克（生肉重量）　　雞蛋……1／2顆

❈作法

將切碎的雞肉與白飯煮成軟硬度容易入口的稀飯，最後加入雞蛋攪拌均勻後關火。

※食譜3之注意事項

・胰臟炎發病時，狗狗或貓咪會因為平常喜歡的食物氣味刺激胰液分泌，而變得不喜歡那個味道，所以要將食物完全放冷後再餵食，以減少刺激。

・稀飯煮好後可再加水並利用食物調理機等工具攪勻，藉由不同調理方式找出寵物的食物喜好及喜歡的口感也很重要。

・白飯90公克也可用馬鈴薯200公克代替，將去皮後煮軟的馬鈴薯壓碎與其他食材混合均勻。由於會增加食物的整體體積及膳食纖維量，如果是容易軟便或下痢的動物則不適合。

・此食譜並不是為了長期餵食自製手作鮮食而設計的食譜。

## 不同體重之餵食量換算表

| 體重 | 1公斤 | 3公斤 | 5公斤 | 10公斤 | 15公斤 | 20公斤 | 25公斤 | 30公斤 | 35公斤 |
|---|---|---|---|---|---|---|---|---|---|
| 倍數 | 0.3 | 0.7 | 1 | 1.7 | 2.3 | 2.8 | 3.3 | 3.8 | 4.3 |

## 胰臟炎恢復後最好也要避免的食物

以下這些食物因為含有豐富的脂肪，須請飼主
特別注意：

肉乾、香腸、牛肉、羊肉、鮭魚、
牛奶（全脂）、優格（全脂）、
豆腐、起司等。

Column

---

## ↘ 胰臟外分泌功能不全
### （EPI、胰臟疾病）

是一種胰臟無法分泌消化酵素的疾病，胰臟
的酵素除了消化功能之外，還有中和胃部排出的
酸性內容物之功能。

### ◆ 主要症狀

● 大量下痢（黃色～灰色的軟便、水便）
有強烈的腐敗氣味，且因為糞便脂肪多而導致
肛門周圍的毛髮黏呼呼的。

● 吃很多但體重卻減輕　　● 食糞、異食癖

● 毛髮劣化　　　　　　　● 大量喝水

● 肌肉流失

### ◆ 主要原因

狗狗 胰臟腺泡細胞缺乏／缺損

貓咪 慢性胰臟炎

### ◆ 飲食管理重點

在飲食中添加「消化酵素」促進消化吸收，
有下列幾點需要注意：

◎ **維持適當體重**
供應充分的營養與能量，以恢復健康狀態為目
標。

◎ **補充不足的營養素**
補充脂溶性維生素與蛋白質等營養素。

◎ **儘量減輕下痢症狀**

減少進入大腸的未消化物，讓腸道內pH值恢復
正常，減輕下痢症狀。

### ◆ 選擇處方食品的訣竅

若有合併使用消化酵素，也可以選擇一般的
高消化性的綜合營養食品，但要記得蛋白質含量
不可太高。

| 目前之動物狀態 | 處方食品之選擇 |
|---|---|
| 胰臟外分泌功能不全 | 消化系統護理（低～中脂肪）綜合營養食品（高消化性、蛋白質含量中等） |

### ◆ 餵食方法

以能夠維持理想體重的DER餵食量，一天
分成二～三餐餵食乾飼料或溼食。

### ◆ 注意事項

使用消化酵素後若狀況仍未改善時，可能是
因為沒有選擇到適合的食物。由於纖維的種類與
含量會影響到酵素反應，此時須轉換為高消化
性、低纖維的食物。

## ↘ 肝臟的作用

肝臟是由被稱之為「身體的化學工廠」的肝
小葉集合而成的器官，負責多種不同的功能，包
括代謝（合成及分解）與貯存從小腸吸收而來的
營養素，對藥物及毒物進行解毒作用，以及合成
膽汁等。因此肝臟的備用能力及再生能力非常優

第3章 臨床營養學

秀，在肝細胞正常的情況下即使切除掉 80 ％的肝臟也能再生回原來的大小。

　　另一方面，肝臟的疾病在沒有惡化到一個程度之前是不容易出現症狀的，所以也有「沉默的器官」之稱。此外，肝臟也是一個有大量血液進出的器官，包括肝門脈收集來自於消化道的血液、肝動脈輸送營養與氧氣到肝臟本身，以及肝靜脈收集來自肝臟的血液回流到心臟。

## ↘ 肝病

　　肝臟的某部分功能發生問題而導致代謝異常的疾病。

### ◆ 主要症狀

- 初期症狀：嘔吐、食慾不振
- 惡化後：下痢、便祕、體重減輕、黃疸、多喝多尿、出血、肝腦症候群（Hepatic Encephalopathy）、腹水

### ◆ 主要原因

- 藥物、中毒
- 感染症、外傷
- 糖尿病、胰臟炎
- 遺傳
- 高脂肪飲食　等

### ◆ 飲食管理重點

　　以恢復肝臟功能為目標，有下列幾點需要注意：

#### ◎ 減輕肝臟的負擔

選擇配方中含有氨產生率低的優質、高消化性蛋白質（如大豆、雞蛋）且含量適中的食品，能減輕肝臟的解毒作用，同時也能供應充分的營養給肝臟。此外，增加水溶性膳食纖維（乳果糖，Lactulose）可幫助身體把消化道生成的氨從糞便排出體外。

#### ◎ 強化肝臟功能

補充一旦罹患肝病身體很容易缺乏的支鏈胺基酸（BCAA：纈胺酸、白胺酸、異白胺酸），強化肝臟的功能。

**肝臟的主要功能**

分解有害物質（解毒）

營養的合成、分解及貯存

製造膽汁（排泄）

膽囊

#### ◎ 供應充分的營養

高消化性的碳水化合物能供應充足的能量，防止體內因為能量不足而發生的肌肉分解或在肝臟的糖質新生作用。

#### ◎ 限制容易攝取過量的營養素

限制容易累積在肝細胞內的銅含量，防止對肝細胞造成損害。

#### ◎ 補充容易缺乏的營養素

補充維生素 B 群、C、維生素 A、E、K、精胺酸、左旋肉鹼、牛磺酸（尤其是貓咪）以及鋅等罹患肝病時容易缺乏的營養素。

### ◆ 選擇處方食品的訣竅

　　一般來說，若是沒有發生脂質代謝異常的病患可選擇肝臟護理處方食品，若是有脂質代謝異常的話則選擇低脂肪的消化系統護理處方食品。如果有浮腫或腹水等症狀時，則須考慮限制鈉的攝取量。

| 目前之動物狀態 | 處方食品之選擇 |
| --- | --- |
| 一般肝病 | 肝臟護理 |
| 脂質代謝異常（沒有浮腫／腹水） | 消化系統護理（低～中脂肪） |
| 浮腫／腹水 | 心臟護理 |

## ◆ 餵食方法

選擇乾飼料或溼食，住院期間以RER計算餵食量少量多餐（一天四次）餵食，出院後則配合活動量及體重進行調整。

## ◆ 注意事項

● 對於有機會痊癒的肝病來說，透過「進食來供應營養與能量」對促進肝臟功能的恢復是很重要的一環。罹患輕度肝病時，不一定要用肝臟護理處方食品，可因應臨床症狀以「動物願意吃的食物」為優先，避免有蛋白質缺乏的情形發生。

● 出院後也要透過食物供應足夠的能量，而少量多餐是很有效的方式。

● 對於食慾不振或體重過輕的病患來說，如果突然給予高脂肪的肝臟護理飲食，有時可能會發生嘔吐或下痢等症狀，建議可先從低脂肪的消化系統護理處方食品開始。之後再配合身體狀況，慢慢增加飲食中的脂肪含量。

## ↘ 肝門脈系統分流
### （肝臟疾病）

從腸道而來並在門脈匯流的血液，在途中流向其他異常的新生血管，導致血流未通過肝臟而直接進入下腔大靜脈並進入體循環的疾病。

## ◆ 主要症狀

● 發育不良、體重減輕

● 肝腦症候群

## ◆ 主要原因

● 先天性

● 肝病末期

## ◆ 飲食管理重點

為了減輕臨床症狀及維持健康狀態，有下列幾點需要注意：

## ◎ 供應充分的營養及能量

缺乏能量及營養時會讓動物的體重下降及肝功能衰退。

## ◎ 減少體內的氨產生量

使用高消化性的植物性蛋白質（大豆）或乳蛋白可減少氨的生成率。

## ◎ 增加氨從糞便排出體外的量

可溶性（水溶性）膳食纖維能吸附氨，促使身體將氨從糞便排出體外。

## ◎ 強化免疫力

補充容易缺乏的維生素及鋅等營養素，強化動物的免疫力。

## ◆ 選擇處方食品的訣竅

一般而言，會選擇使用植物性蛋白質的肝臟護理處方食品。

| 目前之動物狀態 | 處方食品之選擇 |
| --- | --- |
| 肝門脈系統分流（無肝腦症候群） | 肝臟護理 |
| 肝門脈系統分流（有肝腦症候群） | 腎臟病護理 |

## ◆ 餵食方法

選擇乾飼料或溼食，從以RER一天餵食四餐開始。

## ◆ 注意事項

在罹患肝病的動物中，只限沒有肝腦症候群的情況才不用限制蛋白質。所謂肝腦症候群，是指無法在肝臟解毒的氨進入中樞神經系統，造成嘔吐、下痢、行為異常、痙攣、思覺失調、昏睡等症狀的疾病。發生在先天性的門脈形成異常或重度肝衰竭的末期。在飲食管理上必須限制蛋白質，但即使是此種情況蛋白質的攝取量仍須維持在每公斤體重2.1公克以上。

## ↘ 脂肪肝（肝臟疾病／貓咪）

中性脂肪（三酸甘油脂）過量堆積在肝細胞內，造成膽汁淤積、肝功能障礙的疾病，是貓咪特有且攸關性命的疾病。

### ◆ 主要症狀
- 嘔吐、下痢、便祕
- 食慾不振
- 行為變化（嗜睡、窩著不動）
- 體重減輕

### ◆ 主要原因
雖然目前尚未找出明確的病因，但可能與下列幾點有關：
- 缺乏蛋白質的飲食
- 食慾不振（壓力、生活環境變化、過度減重、同伴死亡等因素）
- 肥胖
- 肝病、胰臟炎、腎臟病、腫瘤等疾病

### ◆ 飲食管理重點
透過支持療法及維持體內電解質平衡以預防脫水症狀及肝腦症候群的發生。初期以管灌飲食法供應營養較為理想，因此有下列幾點需要注意：

#### ◎ 供應充分的營養及能量
只要沒有肝腦症候群的症狀，就不需要特別限制蛋白質。以富含牛磺酸、精胺酸的飲食來補充優質蛋白質，若有缺乏鉀的情況時要補充。患有脂肪肝的貓咪經常有鉀缺乏症，會讓食慾不振更加惡化及增加肝腦症候群的風險。

#### ◎ 促進脂肪代謝
左旋肉鹼可以加強脂肪的燃燒。

#### ◎ 其他
由於罹患此病的貓咪經常有低血鉀症及缺乏維生素 $B_{12}$ 的情形，必要時須另外補充。

### ◆ 選擇處方食品的訣竅
以滿足貓咪食性的高消化性飲食補充不足的能量，以恢復營養狀態為目的的選擇處方食品。

| 目前之動物狀態 | 處方食品之選擇 |
|---|---|
| 脂肪肝（無肝腦症候群） | 肝臟護理、營養補給 |
| 脂肪肝（有肝腦症候群） | 消化系統護理 |
| 脂肪肝（肥胖） | 血糖管理 |

### ◆ 餵食方法
- 若有難以經口餵食的情況時，初期最好以經由鼻腔、食道、胃其中之一路徑進入體內的管灌飲食法為優先。在這種情況下，利用能夠滿足貓咪營養需求的高營養液態食物，以四天左右的時間慢慢增加餵食量，直到能滿足 RER 的能量需求。若是突然給予長時間營養不良的動物，滿足需求量的營養，可能會造成電解質異常，這一點需要特別注意。
- 在併用食慾促進劑且能夠強制餵食的情況時，先一次給一點點貓咪「之前從未吃過的食物」，在確認貓咪願意吃下去之後再繼續餵食。如果貓咪很討厭放入口中的食物時則不建議強制餵食，因為會給貓咪造成很大的壓力。
- 持續強制餵食的情況下，以三天的時間逐漸增加餵食量到滿足 RER 的能量需求。
- 出院後，必要時以 RER 乘以 1.1 ～ 1.2 的係數＝ DER 作為餵食量的標準。

### ◆ 注意事項
發病一個星期以內的時間是否有供應充分的營養與能量會影響到預後的情況。

## ↘ 銅蓄積性肝炎（肝臟疾病／狗狗）

因為肝臟的銅代謝異常，而造成銅在肝臟內累積的疾病，發生在某些特定的犬種身上。

◆ 主要症狀
- 食慾不振
- 多喝多尿
- 體重減輕
- 尿液顏色異常（紅黑色尿液）
- 黃疸

◆ 主要原因
- 遺傳（好發犬種：貝林登㹴、西高地白㹴等犬種）
- 從飲食中攝取到過量的銅

◆ 飲食管理重點

為了減少貯存在肝臟的銅量及強化肝功能，有下列幾點需要注意：

◎ 減少從飲食而來的銅攝取量

選擇含銅量少的飲食。

◎ 減少腸道對銅的吸收

補充鋅可以減少腸道對銅的吸收。

◎ 防止細胞氧化

維生素E可防止脂質氧化，強化肝臟功能。

◆ 選擇處方食品的訣竅

患有遺傳性銅蓄積性肝炎的狗狗終生都需要選擇含銅量低的飲食，若非遺傳性的則選擇能幫助肝臟功能恢復正常的處方食品。

| 目前之動物狀態 | 處方食品之選擇 |
| --- | --- |
| 遺傳性銅蓄積性肝炎 | 肝臟護理<br>自製手作鮮食（含銅量低） |
| 暫時性銅攝取過量 | 肝臟護理<br>消化系統護理（低脂肪） |

◆ 餵食方法

住院期間以RER一日餵食四餐，出院後根據活動量增加到DER，一日餵食二～三餐。

◆ 注意事項

除了主食之外也要注意零食或副食品，避免給予含銅量高的食材。

| 含銅量高的食品 | 肝、小魚乾、芝麻、核果類、大豆、糙米等 |
| --- | --- |
| 含銅量少的食材 | 白飯（精米）、牛奶、優格等 |

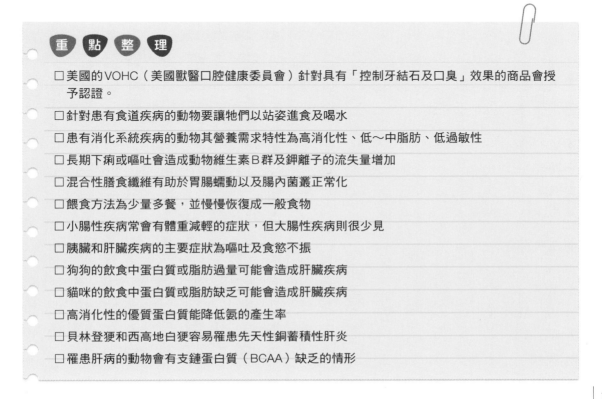

**重 點 整 理**

- ☐ 美國的VOHC（美國獸醫口腔健康委員會）針對具有「控制牙結石及口臭」效果的商品會授予認證。
- ☐ 針對患有食道疾病的動物要讓牠們以站姿進食及喝水
- ☐ 患有消化系統疾病的動物其營養需求特性為高消化性、低～中脂肪、低過敏性
- ☐ 長期下痢或嘔吐會造成動物維生素B群及鉀離子的流失量增加
- ☐ 混合性膳食纖維有助於胃腸蠕動以及腸內菌叢正常化
- ☐ 餵食方法為少量多餐，並慢慢恢復成一般食物
- ☐ 小腸性疾病常會有體重減輕的症狀，但大腸性疾病則很少見
- ☐ 胰臟和肝臟疾病的主要症狀為嘔吐及食慾不振
- ☐ 狗狗的飲食中蛋白質或脂肪過量可能會造成肝臟疾病
- ☐ 貓咪的飲食中蛋白質或脂肪缺乏可能會造成肝臟疾病
- ☐ 高消化性的優質蛋白質能降低氨的產生率
- ☐ 貝林登㹴和西高地白㹴容易罹患先天性銅蓄積性肝炎
- ☐ 罹患肝病的動物會有支鏈蛋白質（BCAA）缺乏的情形

# ｛ 腎臟疾病 ｝

## ↘ 腎臟之功能

　　腎臟的主要功能，在於將體內產生的尿素與尿酸等血液中的代謝廢物排泄到尿液中，並將必要的物質再吸收，調整體內的水量、體液的pH值以及滲透壓。此外，腎臟還會分泌促進紅血球生成的紅血球生成素（Erythropoietin）以及讓血壓升高的腎素（Renin）等賀爾蒙，並且具有調整能夠活化維生素D的磷及鈣質濃度的功能。

## ↘ 慢性腎臟病

　　腎臟病分為急性及慢性，其中急性腎臟病雖然有機會痊癒，但大部分會轉變為慢性腎臟病。慢性腎臟病一旦出現臨床症狀時，表示腎臟功能已經有75％以上的損傷，是一種持續惡化、無法恢復的疾病。根據臨床症狀的嚴重程度可分為第一期到第四期。

### ◆ 主要症狀

- 多喝多尿
- 下痢、嘔吐
- 食慾不振
- 抑鬱
- 貧血
- 神經症狀（顫抖、步伐不穩、痙攣）

### ◆ 主要原因

　　當動物已經出現症狀時通常已找不到原始的原因，但可能與下列因素有關：

- 先天性腎臟畸形
- 高血壓
- 感染症

- 免疫性疾病
- 急性腎臟病（毒素、外傷等）

### ◆ 飲食管理重點

　　慢性腎臟病是一個進行中的疾病，適當的飲食管理有助於遲緩疾病惡化及提升生活品質，因此有下列幾點需要注意：

#### ◎ 給予充分的水分

為了避免出現脫水症狀，充分的飲水量是非常重要的。要經常讓動物喝水或是讓牠們能從飲食中攝取到足夠的水分。

#### ◎ 供應充分的能量

來自飲食中的能量若是不足，會造成營養不良，並讓來自蛋白質分解的尿毒症更為惡化，因此必須讓動物由飲食攝取到充分的營養與能量。對腎臟病病患來說，碳水化合物與脂肪是重要的能量來源。

#### ◎ 減輕臨床症狀

- 限制蛋白質攝取量

配合臨床症狀限制蛋白質的攝取有助於減輕尿毒症造成的噁心、嘔吐、下痢等症狀。另為了避免蛋白質不足造成低白蛋白血症、貧血及體重下降等情形，要使用優質的蛋白質來源。

- 補充omega-3脂肪酸

omega-3脂肪酸能有助於減輕腎臟內高血壓的情形。

- 補充抗氧化成分

抗氧化成分（維生素E、$\beta$-胡蘿蔔素、維生素C）具有保護腎臟細胞的作用，能減輕臨床症狀。

- 利用具有緩衝作用的成分來調整體內的酸鹼平衡

腎臟病一旦惡化之後就很難維持血中的pH值平衡，若發生代謝性酸血症時會使腎臟病惡化的速

## 腎臟的位置與構造

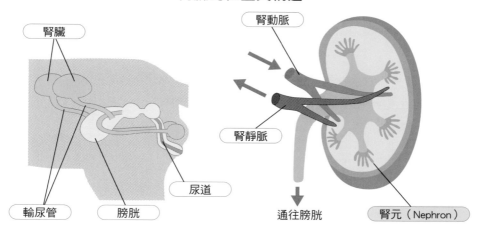

## 腎元之構造

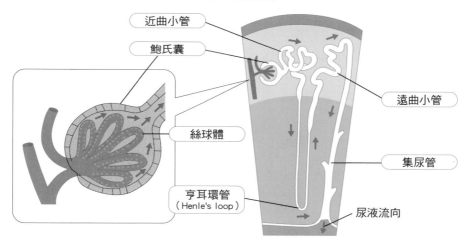

## 腎小管的再吸收與分泌

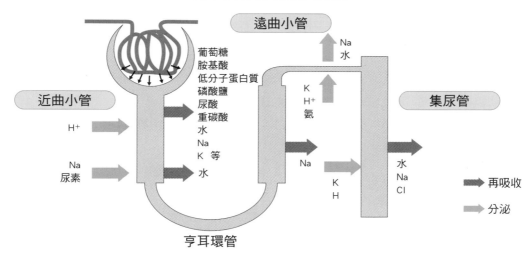

度更快。因此可利用具有緩衝作用的成分（如檸檬酸鉀、重碳酸鈉、碳酸鈣）來調整體內的酸鹼平衡。

● 延緩惡化

在慢性腎臟病中，磷會促進疾病的惡化速度，因此要限制飲食中的磷含量，延緩疾病的惡化速度。

◆ 選擇處方食品的訣竅

目前已知在腎臟病中限制磷的攝取量能減輕臨床症狀和提升生活品質。另一方面，因為食慾不振而造成蛋白質分解或脫水症狀的病患則不適合長時間的飲食管理。因此必須配合動物的臨床症狀及飼主的需求來選擇合適的處方食品。

| 目前之動物狀態 | 處方食品之選擇 |
|---|---|
| 腎臟病（初期～中期） | 心臟護理、熟齡護理（只限偏肥胖的動物）、食物敏感專用、關節護理、肝臟護理 |
| 腎臟病（中期～後期） | 腎臟病護理 |

◆ 餵食方法

● 從能夠維持目前體重的DER開始，並一邊觀察身體狀況及BCS（體態評分）一邊調整係數，往能夠維持理想體重的DER邁進。

● 若動物本身自發性的飲水量不夠，則以溼食罐頭餵食。

● 餵食次數依動物狀況而定，若一次無法吃太多的動物則以少量多餐（一天四～五餐）的方式餵食。

● 每一隻罹患腎臟病的動物其代謝變化及臨床症狀的差異很大，因此在飲食管理上（包括餵食方法）必須配合每隻動物的個體狀況而定。

◆ 注意事項

● 在腎臟病護理的處方食品中，由於碳水化合物及脂肪的比例較高，因此突然增加熱量及餵食量有時會造成動物有軟便或下痢的症狀出現。若動物因此對食物產生負面印象的連結，可能會讓食慾不振的情況更加惡化，因此在轉變食物及餵食量時必須慎重為之。

● 噁心或食慾不振有時也可能是因為電解質或礦物質不平衡所致，因此一旦有這種狀況時飼主應儘早與動物醫院聯絡，不可置之不理。

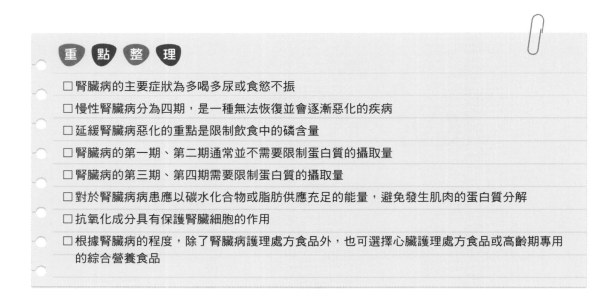

**重 點 整 理**

☐ 腎臟病的主要症狀為多喝多尿或食慾不振

☐ 慢性腎臟病分為四期，是一種無法恢復並會逐漸惡化的疾病

☐ 延緩腎臟病惡化的重點是限制飲食中的磷含量

☐ 腎臟病的第一期、第二期通常並不需要限制蛋白質的攝取量

☐ 腎臟病的第三期、第四期需要限制蛋白質的攝取量

☐ 對於腎臟病病患應以碳水化合物或脂肪供應充足的能量，避免發生肌肉的蛋白質分解

☐ 抗氧化成分具有保護腎臟細胞的作用

☐ 根據腎臟病的程度，除了腎臟病護理處方食品外，也可選擇心臟護理處方食品或高齡期專用的綜合營養食品

# 泌尿道疾病

## 泌尿道之功能

在腎臟製造的尿液所通過的路徑就是泌尿道。泌尿道不具有調整尿液成分的功能，尿液從腎臟出來經過輸尿管抵達膀胱並暫時貯存後，透過尿道排泄出體外。腎臟與輸尿管稱為上泌尿道，膀胱與尿道稱為下泌尿道。

## 泌尿道結石

在下泌尿道（膀胱與尿道）產生結晶或結石的疾病。由尿液中礦物質成分凝集而成的結石，可能造成尿道阻塞、尿毒症或急性腎衰竭，有時甚至會造成死亡。雖然根據礦物質的成分可分成數種不同的泌尿道結石，不過犬貓的泌尿道結石中有90％以上為磷酸銨鎂或草酸鈣結石。

## 磷酸銨鎂結石

分為尿液中的鎂、磷酸鹽、氨到達過飽和狀態而產生無菌性的磷酸銨鎂結石，以及因為泌尿道感染而誘發的感染性磷酸銨鎂結石。

◆ 主要症狀
- 頻尿
- 在便盆以外的地方上廁所
- 一直做出排尿姿勢
- 舔生殖器
- 滴尿
- 血尿
- 食慾不振
- 嘔吐、下痢
- 脫水

### 泌尿道的構造

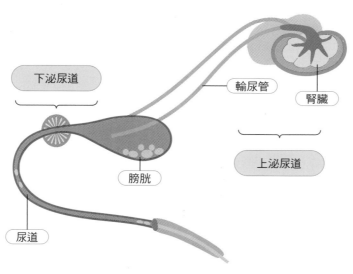

下泌尿道

輸尿管

腎臟

膀胱

上泌尿道

尿道

# 各式各樣的結晶與結石

胱胺酸（Cystine）
的結晶

草酸鈣的結晶

磷酸銨鎂的結晶

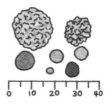
尿酸鹽結石

## ◆ 主要原因

### ◎ 尿液鹼性化（pH值 > 6.9±0.4就會結晶化）

| 狗狗 | 貓咪 |
| --- | --- |
| 泌尿道感染<br>（會產生尿素酶的細菌） | 五歲以下的年輕貓咪<br>（無性別差異） |
| 母犬 | 肥胖／運動不足 |
| 水分攝取不足 | 水分攝取不足 |
| 尿液殘留 | 尿液pH值 > 6.5 |
| 犬種因素<br>（迷你雪納瑞犬、迷你貴賓犬、<br>可卡犬、比熊犬等） | 泌尿道感染（5%以下） |
| 高蛋白質、<br>含磷量高之飲食 | 低消化性、低熱量飲食 |
| 糖尿病、腎臟病 | 含鎂量高的飲食 |
| 長期使用制酸劑或<br>利尿劑 | |

## ◆ 飲食管理重點

透過飲食將結石溶解以及防止復發，有下列幾點需要注意：

### ◎ 溶解結石

利用飲食將尿液的pH值改變為6.0來將結石溶解。若是無菌性的磷酸銨鎂結石平均可在二～四個星期內溶解。

### ◎ 維持正常的尿液pH值（pH值6.2～6.4）

限制可能造成結石的蛋白質、鎂及磷的攝取量，選擇高消化、優質、熱量適中的飲食，讓動物的尿液酸鹼度能維持在正常範圍並進行體重管理。

## ◎ 防止復發

增加動物的活動量、增加水分攝取量、改善動物的排尿環境與生活環境以避免動物養成憋尿的習慣，可防止尿液過度濃縮。

## ◆ 選擇處方食品的訣竅

若已有結石者則選擇能溶解結石的處方食品，若是結晶的情況時則是促進將其排泄到尿液中，同時還能讓尿液pH值正常化的處方食品。

| 目前之動物狀態 | 處方食品之選擇 |
| --- | --- |
| 磷酸銨鎂（結石） | 泌尿道護理（s／d）<br>溶解結石用 |
| 磷酸銨鎂（結晶） | 泌尿道護理（c／d） |
| 磷酸銨鎂（已發生及防<br>止復發）＋肥胖 | 泌尿道護理（c／d）<br>體重管理 |

## ◆ 餵食方法

以能夠維持理想體重的DER為餵食量，最好使用溼食罐頭（或併用乾飼料）來增加水分的攝取量。

以溶解結石為目的的尿液酸化處方食品（s／d）並不適合長期食用。待結石溶解後應更換為能將尿液pH值維持在6.2～6.5之間的泌尿道護理處方食品（c／d）。

餵食處方食品期間應停止餵食其他食物、零食及營養保健食品。

## 感染性磷酸銨鎂結石

column

　　在大腸中原本存在著一種能夠分解尿素並生成氨的細菌（產生尿素酶的細菌），因此一旦尿液中的尿素因為泌尿道感染而增加時，氨的產生也會增加，讓尿液變成鹼性。會讓尿素增加的原因，除了從飲食中攝取到過量的蛋白質之外，還有可能因為甲狀腺機能亢進等疾病增加身體組織蛋白質的分解、腎臟病導致尿素無法順利排泄或脫水而導致。由於只靠飲食控制並不能完全預防感染性磷酸銨鎂結石的復發，因此飲食之外的治療才是重要的關鍵。

◆ 注意事項

● 如果是溶解結石專用的泌尿道護理處方食品或是並用抗生素仍無法溶解的結石，則須利用外科手術等方式去除結石。

● 若使用能改變尿液pH值的處方食品，則應在餵食之後定期檢查尿液的pH值，注意不要讓pH值降到6.0以下。

● 低品質的綜合營養食品中，號稱減重專用的飼料裡經常含有大量的穀類或膳食纖維，可能會讓尿液容易變成鹼性。而處方食品中的減重專用食品則含有充分的蛋白質，其營養成分能讓尿液維持在適當的pH值。

## ↘ 草酸鈣結石

　　尿液中的鈣質與草酸到達過飽和狀態而產生結晶或結石所引起的疾病。與磷酸銨鎂結石相比，此種結石的發生機制目前尚不明確。

◆ 主要症狀

● 頻尿

● 在便盆以外的地方上廁所

● 一直做出排尿姿勢

● 舔生殖器

● 滴尿

● 血尿

● 食慾不振

● 嘔吐、下痢

● 脫水

◆ 主要原因

◎ 尿液酸性化（pH值＜6.2）

| 狗狗 | 貓咪 |
| --- | --- |
| 高蛋白質飲食 | 七歲以上的高齡貓咪 |
| 水分攝取不足 | 肥胖／運動不足 |
| 尿液殘留 | 水分攝取不足 |
| 高齡犬、母犬 | 貓種因素（波斯貓、緬甸貓、喜馬拉雅貓等） |
| 犬種因素（迷你雪納瑞犬、迷你貴賓犬、西施犬、比熊犬、約克夏㹴犬、拉薩犬等） | 高血鈣症 |
| 腎上腺皮質機能亢進（庫興氏症候群） | |

◆ 飲食管理重點

　　草酸鈣結石無法透過飲食來讓它溶解，因此有下列幾點需要注意：

◎ 預防更多的結石形成

避免飲食中有過量的鈣質、維生素D及維生素C。肥胖雖然並非狗狗發生此種結石的直接原因，但維持理想體重與其他多種疾病的預防有關，因此也十分重要。

◎ 防止復發

利用飲食將尿液pH值維持在7.5。

◎增加水分攝取量

草酸是維生素C及部分胺基酸的代謝產物，增加水分攝取量促進排尿有助於將草酸排出體外。

◆ 選擇處方食品的訣竅

選擇限制蛋白質及鈣質含量，且能防止尿液酸化的處方食品。

| 目前之動物狀態 | 處方食品之選擇 |
|---|---|
| 草酸鈣<br>（結石、控制） | 非磷酸銨鎂結石專用<br>（狗狗專用）（膀胱健康處方食品，u／d）<br>腎臟病護理 |

◆ 餵食方法

以能夠維持理想體重的DER為餵食量，最好使用溼食罐頭（或併用乾飼料）來增加水分的攝取量。定期檢查是否將尿液pH值維持7.5左右。

◆ 注意事項

● 由於狗狗專用的草酸鈣結石處方食品中有限制蛋白質的含量，因此須隨時觀察狗狗是否有蛋白質不足的情形。

● 由於一年之內復發的機率很高，建議最好每四～六個星期檢查一次尿液pH值及尿液比重的變化。

● 除了飲食之外，飼主也要注意不要給予動物會讓尿液酸化的營養保健食品（如維生素C或蔓越莓）或富含草酸的食物。

## ↘ 其他泌尿道結石

發生頻率雖然較低，但偶爾仍可見到如下表所列之泌尿道結石。

## ↘ 貓自發性膀胱炎

是貓咪下泌尿道症候群中最常見的疾病，由於原因不明所以也不易控制，在治療方面至今也沒有定論。有報告指出利用溼食罐頭增加水分攝取量、使用不會碰到貓咪鬍鬚的水碗、營造能讓貓咪上下跳動的生活環境等方式，能對大部分的貓咪有所幫助。

### 胱胺酸結石與尿酸結石

| | 胱胺酸結石 | 尿酸結石 |
|---|---|---|
| 形成結石的成分 | 胱胺酸 | 嘌呤（尿酸鹽） |
| 主要原因 | 遺傳（先天性代謝異常）<br>過量的飲食蛋白質<br>水分攝取不足 | 飲食中含有過多嘌呤<br>（高蛋白質飲食、肝臟）<br>水分攝取不足<br>迷你雪納瑞犬、大麥町犬（好發犬種） |
| 尿液pH值 | 酸性尿液 | 酸性～中性尿液 |
| 目標尿液pH值 | ＞7.5 | ＞7.0 |
| 飲食管理 | 與草酸鈣結石相同 | 與草酸鈣結石相同 |

## 富含參與礦物質形成之營養素的食品

飼主每天無意中給予寵物的食物有時會與泌尿道結石的形成有關，所以從飲食管理的角度來說，飼主應了解原先給予的食物是否適合及今後應該給予哪些食物比較恰當。

| 鎂 | 磷 | 鈣質 | 維生素C | 維生素D | 嘌呤 |
|---|---|---|---|---|---|
| 種子類<br>豆類<br>未精製之穀類 | 肉類<br>肝臟<br>蛋黃<br>小魚乾<br>（鎂的含量也很高） | 牛奶<br>優格<br>芝麻<br>凍豆腐<br>起司<br>白蘿蔔葉<br>小松菜 | 水果<br>（柑橘、草莓、奇異果等）<br>蔬菜<br>（青椒、青花菜等） | 魚類<br>（鮭魚）<br>菇類 | 肝臟<br>小魚乾<br>柴魚片<br>鰹魚<br>沙丁魚 |

 重 點 整 理

☐ 狗狗和貓咪的下泌尿道症候群中，大多為磷酸銨鎂結石及草酸鈣結石

☐ 感染性磷酸銨鎂結石只靠飲食控制非常困難

☐ 磷酸銨鎂結石是因為鎂、磷及蛋白質過量而產生的

☐ 草酸鈣結石是因為尿液中的鈣質與草酸呈現過飽和狀態而形成

☐ 磷酸銨鎂結石能用溶解結石專用的飲食來溶解

☐ 草酸鈣結石無法透過飲食來溶解

☐ 小魚乾中含有豐富的磷、鈣質、鎂、維生素D

☐ 充分的水分攝取量是預防泌尿道結石及防止復發時很重要的一環

# 內分泌疾病

## 內分泌之功能

內分泌系統的功能，在於分泌賀爾蒙到血液之中。賀爾蒙是由下視丘、腦下垂體、甲狀腺、副甲狀線、胰臟、腎上腺、生殖器官所製造出來的化學傳導物質，在各個標的器官執行代謝作用。

## 糖尿病

糖尿病是一種因為體內的胰島素作用不良或分泌不足而引起葡萄糖代謝異常的一種疾病。貓咪的糖尿病大多是因為胰島素的作用不良所導致的非胰島素依賴型糖尿病（NIDDM），而狗狗則幾乎都是胰島素分泌不足所導致的胰島素依賴型糖尿病（IDDM）。

### ◆ 主要症狀

- 多喝多尿
- 多吃
- 體重減輕
- 嘔吐、下痢、食慾不振
- 感染情形增加
- 白內障（狗狗）
- 後肢末梢神經障礙（貓咪）

### ◆ 主要原因

- 肥胖
  - 狗狗 高血脂症、甲狀腺機能低下症、庫興氏症候群等
  - 貓咪 胰臟炎、感染症、腫瘤、壓力等

### ◆ 飲食管理重點

為了控制高血糖及維持動物的健康狀態，有下列幾點需要注意：

#### ◎ 控制在理想體重

肥胖的動物能透過減重來減輕糖尿病的併發症。

至於體重過輕的動物則以恢復理想體重為目標，能防止因為免疫力下降而發生的感染症。

#### ◎ 控制血糖值

增加複合式碳水化合物（例狗狗可給予大麥，貓咪可給予玉米）或膳食纖維的比例能減緩飯後血糖值的上升，控制血糖值。

#### ◎ 適當的水分攝取量

補充因為多尿而損失的水分。

### ◆ 選擇處方食品的訣竅

根據目前動物的體重、身體狀況、是否有給予胰島素治療及其種類來選擇綜合營養食品或處方食品。

| 目前之動物狀態 | 處方食品之選擇 |
|---|---|
| 糖尿病（體重正常） | 綜合營養食品、血糖管理 |
| 糖尿病（肥胖） | 綜合營養食品、血糖管理 |
| 糖尿病（體重過輕） | 營養補給（沒有胰臟炎或脂質代謝異常的情況下） |

### ◆ 餵食方法

- 由於每隻動物使用的胰島素種類與注射次數並不相同，根據個體狀況先設定能夠維持理想體重的DER，若體重有減少的狀況時則再增加餵食量。

- 如果動物不愛喝水，可利用溼食罐頭餵食。

- 每天在規律的時間餵飯，且每餐之間應保持固定的間隔時間。

- 貓咪使用高蛋白質、高脂肪的飲食能控制血糖值的上升情形，而且也有很高的嗜口性，所以只要沒有胰臟炎的情況就可以給予高營養的飲食。但如果是體重過輕的動物，由於此種食物比較容易造成下痢，因此要以少量多餐的方式餵食以避免體重減輕。

◆ 注意事項

● 由於半溼食或零食含有較多的單醣容易造成血糖值上升，並不適合患有糖尿病的動物。

● 由於白飯會快速讓血糖值上升，因此不論是狗狗還是貓咪都要特別小心以白飯為主體的食物或零食。

## ↘ 高血脂症

血液中中性脂肪濃度過高的疾病。

◆ 主要症狀

● 嘔吐、下痢

● 食慾不振

● 腹痛

◆ 主要原因

● 遺傳（迷你雪納瑞犬之高血脂症）

● 原發性（貓咪的高乳糜微粒血症）

● 繼發性（甲狀腺機能低下症、腎上腺皮質機能亢進症、糖尿病 等）

◆ 飲食管理重點

為了強化脂質代謝，減輕臨床症狀，有下列幾點需要注意：

◎ 減輕脂質代謝的負荷

使用低脂肪食物（佔熱量20％以下）或比目前飲食脂肪含量更低之食物。

◎ 增加中性脂肪從糞便排出體外的排泄量

從魚油攝取而來的omega-3脂肪酸能減少中性脂肪的合成量，膳食纖維則可增加中性脂肪從糞便排出體外的量。

◎ 避免低白蛋白血症發生

高消化性的蛋白質能防止低白蛋白血症的發生。

◆ 選擇處方食品的訣竅

由於脂質代謝異常會增加肝臟的負擔，此時應該選擇低脂肪但能供應充分營養及能量的處方食品。

若有併發糖尿病的狀況時，則選擇能控制血糖值及維持理想體重的處方食品。

| 目前之動物狀態 | 處方食品之選擇 |
|---|---|
| 高血脂症（體重正常） | 消化系統護理（低脂肪） |
| 高血脂症（肥胖） | 體重管理 |

◆ 餵食方法

以能夠維持理想體重的DER，照平時的餵食次數餵食。

◆ 注意事項

● 雖然一般而言處方食品不會因為含水量的不同而造成營養濃度不同，但因為乾飼料的脂肪含量通常比溼食還低，所以要以乾物量再進行確認。

● 在變更飲食四～八個星期後，應再度評估血中的中性脂肪濃度是否有所下降。若沒有下降，必要時，須改成餵手作鮮食等脂肪含量更低的飲食。

## ↘ 甲狀腺機能低下症、甲狀腺機能亢進症

甲狀腺所分泌的賀爾蒙，能調整身體的代謝功能與血中的鈣質濃度。這種賀爾蒙分泌不足或分泌過量時所造成的疾病，與營養因子無直接的相關性。

◆ 主要症狀

| | 甲狀腺機能低下症 | 甲狀腺機能亢進症 |
|---|---|---|
| 主要症狀 | 大多發生在狗狗<br>體重增加<br>毛髮劣化<br>容易疲倦<br>怕冷<br>色素沉積 | 大多發生在貓咪<br>體重、肌肉量減少<br>毛髮劣化<br>攻擊性行為<br>嗜睡 |
| 主要原因 | 甲狀腺素分泌不足 | 甲狀腺素分泌過量 |

### ◆ 飲食管理重點

由於與飲食沒有直接的相關性，在飲食方面只需要注意將動物控制在適當體重及避免過度空腹發生。

### ◆ 選擇處方食品的訣竅

選擇的飲食以能夠將動物控制在理想體重為基準。體重容易增加的情況時選擇低熱量的處方食品，體重容易減輕的情況時則選擇高營養的處方食品。

| 目前之動物狀態 | 處方食品之選擇 |
|---|---|
| 甲狀腺機能低下症 | 體重管理 |
| 甲狀腺機能亢進症 | 營養補給<br>甲狀腺護理（貓咪） |

### ◆ 餵食方法

以能夠維持理想體重的 DER 為餵食量，根據個體狀況，避免過度空腹可調整餵食次數或給予低熱量的零食。

### ◆ 注意事項

若是單純的甲狀腺疾病時，選擇飲食的重點在於與治療同時進行能將體重控制在適當範圍的飲食。若是有心臟病或腎臟病等潛在性疾病時，則以該等疾病為優先選擇適當的飲食。

## ↘ 腎上腺皮質機能亢進症
### （庫興氏症候群）

腎上腺皮質賀爾蒙分泌過量之疾病，有時也會因為甲狀腺機能低下症或糖尿病而併發。除了會有腹部脂肪堆積、肌肉量下降、脫水、多喝多尿、皮膚變薄等症狀之外，還會有腹部下垂的「茶壺肚」、身體左右對稱性脫毛的外觀特徵。飲食管理上與糖尿病及甲狀腺能低下症相同。

### 患有庫興氏症候群之狗狗的特徵

### 重 點 整 理

☐ 糖尿病的飲食管理，以控制血糖值及維持理想體重為目標

☐ 半溼食或零食的單醣含量較多，容易讓動物的血糖值上升

☐ 迷你雪納瑞犬容易有遺傳性的高血脂症，應避免高脂肪的飲食

☐ omega-3 脂肪酸具有降低中性脂肪的作用

☐ 甲狀腺機能低下症要利用低脂肪、高纖維的飲食來控制體重及避免過度空腹

☐ 貓咪的甲狀腺機能亢進症基本上可用高營養飲食，但若有腎臟病時則以腎臟病的飲食管理方式為優先

☐ 庫興氏症候群的飲食管理與糖尿病及甲狀腺機能低下症相同

# 皮膚疾病

## 皮膚之功能

皮膚的功能包括能將痛覺等訊息傳送到體內、保護身體不受細菌、病毒及外傷害、防止體液因為溼度、溫度或環境乾燥而流失、供應毛髮需要的營養素，以及調節代謝與免疫機能。

## 食物不良反應

對吃下去的食物或添加物產生異常反應的現象，稱之為食物不良反應。狗狗和貓咪的食物不良反應包括食物過敏、食物不耐症、先天性代謝障礙、食物中毒、體質對某些食物產生特異反應，以及藥物反應。其中食物過敏與免疫相關，其他則是非免疫相關性的皮膚疾病。

## 食物過敏
### （免疫媒介性食物不良反應）

食物過敏之所以會引起症狀，是因為有「食物過敏原」的存在。有報告指出，寵物食品中的牛肉、乳製品、小麥是狗狗常見的過敏原，而貓咪常見的過敏原則是含有牛肉、乳製品、魚肉的「蛋白質」。另一方面，也有人認為引起過敏反應的並非蛋白質的種類，而是與蛋白質被消化道吸收時的分子大小有關。

◆ 主要症狀

| 狗狗 | 貓咪 |
|---|---|
| 強烈搔癢（臉部、腳、腋下、鼠蹊部） | 強烈搔癢（頭部、脖子、頸部） |
| 皮膚慢性發炎 | 潰瘍性皮膚炎 |
| 紅疹 | 粟粒狀皮膚炎 |
| 脫毛 | 脫毛 |
| 色素沉積 | 皮膚知覺過敏 |
| 外耳炎 | 皮脂漏症 |
| 二次感染 | 嘔吐、下痢 |
| 嘔吐、下痢 | |

◆ 主要原因

- 品質不良之寵物食品（低消化性）
- 蛋白質消化不完全
- 重複暴露在過敏原中
- 腸道內環境紊亂（免疫調節能力下降）

## 食物不良反應之分類

◆ 飲食管理重點

為了減輕臨床症狀，有下列幾點需要注意：

◎ 減輕發炎反應

在飲食中添加魚油可攝取到有助於減輕發炎反應的omega-3脂肪酸，以及毛髮健康不可或缺的必需脂肪酸（EFA）。

◎ 避免暴露在食物過敏原中

若已知道過敏原是什麼，則改為之前沒有吃過的蛋白質來源（新型蛋白質），但若是不知道過敏原為何，則使用水解蛋白質以避免吃入過敏原。

◎ 改善腸道內的環境

利用高消化性的飲食減少未消化物，並以發酵程度適中的膳食纖維來改善腸道內環境，有助於恢復腸道正常的免疫調節功能。

◎ 強化免疫力

維生素E、$\beta$-胡蘿蔔素、維生素C等抗氧化成分可維持免疫力。

◆ 選擇處方食品的訣竅

以造成食物不良反應的物質是否為特定過敏原，來作為處方食品的選擇標準。

| 目前之動物狀態 | 處方食品之選擇 |
| --- | --- |
| 食物過敏<br>（特定過敏原） | 食物敏感專用<br>（新型蛋白質） |
| 食物過敏<br>（非特定過敏原） | 食物敏感專用<br>（水解蛋白質） |

◆ 餵食方法

若有消化道症狀，一開始以RER為餵食量每日餵食三餐。若無消化道症狀則以能維持理想體重的DER按照平時的餵食次數餵食。

◆ 注意事項

● 選擇含有新型蛋白質的商品，先確認引起目前臨床症狀的寵物食品中含有哪些蛋白質來源，再選擇之前從未吃過的蛋白質。

● 含有水解蛋白質的商品，因為滲透壓較高有時會引起下痢症狀，要避免突然轉換食物。

● 含有水解蛋白質的處方食品中，並非所有含有蛋白質的原料都經過水解作用，所以並不能完全治好過敏症狀。此外，每種商品的水解程度也有所不同，請在確認原料後，根據動物的病況選擇商品。

● 如果餵食水解蛋白之寵物食品後仍未改善症狀，則可能與寵物食品中的添加物有關。可試著以完全餵飼手作鮮食來排除這個可能。

---

## 新型蛋白質？水解蛋白質？

column

含有新型蛋白質的商品（譯註：我國一般稱為低敏感配方）是利用羊肉、鴨肉、鮭魚等蛋白質來代替一般常見的蛋白質來源雞肉。此外，由於穀類或豆類等碳水化合物來源中也含有蛋白質，所以還會用白米或木薯來代替一般常見的玉米或小麥。因此在確認食物中蛋白質來源的時候，不只要看肉、魚、蛋，還要看米、麥、豆、玉米等碳水化合物來源是否也是之前未吃過的食物。

水解蛋白質是將蛋白質分子水解處理成不會引起過敏反應的大小後，作為食物中的蛋白質來源。因此即使動物會對雞肉過敏，也不會對水解過後的雞肉產生過敏反應。

## ↘ 食物不耐症、營養不良性皮膚炎
### （非免疫媒介性食物不良反應）

◆ 食物不耐症

　　對特定營養素難以消化的疾病，原因及症狀與食物過敏相似。

● 乳糖不耐症

　因體內缺乏乳糖分解酵素（乳糖酶，lactase）導致無法消化乳製品中所含有的乳糖。

● 麩質不耐症

　對小麥、黑麥、大麥、燕麥等所含的麩質無法消化。

◆ 營養反應性皮膚炎

　　因缺乏維持毛髮健康所必需的營養素而引起的皮膚疾病，分為飲食中攝取不足及先天性吸收障礙兩種情況。

● 維生素A反應性皮膚炎

● 維生素E反應性皮膚炎

● 鋅反應性皮膚炎

　先天性的鋅吸收障礙所造成，好發犬種為阿拉斯加雪橇犬、西伯利亞哈士奇犬、牛頭梗等。

● 對藥理活性物質產生反應

　對食品添加物等化學物質產生過敏反應而發生的皮膚炎。

◆ 飲食管理重點

● 除去引發皮膚病的物質

● 給予營養均衡的高消化性飲食

◆ 選擇處方食品的訣竅

　　若有食物不耐症則除去食物中無法耐受之物質，若是缺乏特定營養素則選擇能補充該營養的處方食品。

| 目前之動物狀態 | 處方食品之選擇 |
|---|---|
| 食物不耐症<br>（特定不耐成分） | 除去不耐成分之綜合營養食品<br>不含有不耐成分的食物敏感專用處方食品 |
| 食物不耐症<br>（非特定不耐成分） | 食物敏感專用<br>（水解蛋白質） |
| 營養反應性皮膚炎 | 優質的綜合營養食品＋能補充缺乏營養素之營養保健食品、食物敏感專用（新型蛋白質） |

◆ 注意事項

● 有下痢症狀時，也可以選擇不含引發不良反應物質的消化系統護理處方食品。

● 營養不均衡的手作鮮食很容易有缺乏鋅的情形，可能會造成動物出現脫毛症狀。

● 若懷疑動物可能對寵物食品中的化學物質產生過敏反應，可試試看完全餵飼手作鮮食並觀察動物的反應。

重 點 整 理

□ 食物不耐症中分為乳糖不耐症與麩質不耐症

□ 食物過敏的過敏原為蛋白質

□ 新型蛋白質來源指的是之前從未吃過的蛋白質

□ 水解蛋白質是指將蛋白質分解成不會引起過敏反應的分子量之蛋白質來源

□ omega-3脂肪酸能減輕發炎反應

□ 維生素E、β-胡蘿蔔素、維生素C等抗氧化成分有助於強化免疫力

□ 營養不均衡的手作鮮食有時會讓動物因為鋅缺乏症而出現脫毛現象

# 心臟疾病

## 心臟之功能

　　心臟是負責讓血液能在全身循環的器官。藉由產生搏動的「肌肉」、防止血液逆流的「瓣膜」、規律地將血流送出的「節律」以及讓血液能順利流通的「血管」，發揮正常的幫浦功能。

## 瓣膜性心臟病

　　因瓣膜閉鎖不全而導致血流逆流的疾病，其中左心房與左心室之間的「二尖瓣閉鎖不全症」，是狗狗常見的心臟疾病。

### ◆ 主要症狀
- 咳嗽、呼吸困難
- 食慾不振、體重減輕
- 容易疲倦
- 腹水、肺水腫

### ◆ 主要原因
- 年齡增長（中年之後）
- 好發犬種（查理士王小獵犬、馬爾濟斯犬、吉娃娃犬、迷你雪納瑞犬、西施犬、貴賓犬、約克夏㹴等）

### ◆ 飲食管理重點
　　心臟病是無法治癒且會持續惡化的疾病，但適當的飲食管理有助於減緩惡化的速度及提升生活品質，因此有下列幾點需要注意：

#### ◎ 維持理想體重
肥胖的情況時要將體重減輕至理想體重，體重過輕的狀況下則為了防止心因性惡病質（cardiac cachexia）的發生，飲食必須提供充足的營養與能量。

#### ◎ 減輕臨床症狀
限制鈉和氯的的攝取量，減輕高血壓、腹水、水腫等症狀。

#### ◎ 強化心臟功能
牛磺酸、精胺酸、輔酵素 Q10、omega-3 脂肪酸、抗氧化成分等營養能輔助心臟的功能。

### ◆ 選擇處方食品的訣竅
　　以將體重控制在理想範圍及減輕臨床症狀為目的，並將限制鈉的攝取量作為共通選項，除此之外則因應動物的臨床症狀及食慾狀態來選擇適合的的處方食品。

| 目前之動物狀態 | 處方食品之選擇 |
|---|---|
| 限制鈉攝取量的必要性 | |
| 輕度 | 熟齡護理、關節護理（狗狗）、腎臟病護理、肝臟護理 |
| 中～重度 | 心臟護理 |

※ 腎臟病護理處方食品之各商品的鈉含量不盡相同，請在比較乾物量的鈉含量後選擇符合需求的商品。

### ◆ 餵食方法
- 在投藥治療且身體狀態穩定之後，再以一星期左右的時間慢慢轉換成決定好的食物。
- 以能夠維持理想體重的DER，依據動物之臨床症狀決定餵食次數，最好能以少量多餐的方式餵食，比較能達到控制體重的目的，供應充分的能量及減少食慾不振的情形。

### ◆ 注意事項
- 飼主須注意也不能給動物吃鈉含量高的零食或其他食物（如起司、魚板、火腿、小魚乾等）。
- 要掌握好動物的水分攝取量及限制運動量的程度。

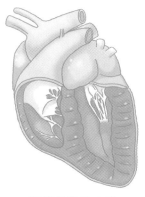

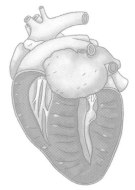

正常的狗狗心臟　　　　　　擴張性心肌症的狗狗心臟　　　　　肥厚性心肌症的狗狗心臟

## ↘ 心肌症

由於心肌異常而造成的心臟疾病。心臟內腔室正常但心肌增厚的稱為「肥厚性心肌症」，腔室擴大心肌變薄的則稱為「擴張性心肌症」，是貓咪常見的心臟病。

◆ 主要症狀

● 咳嗽、嘔吐

● 呼吸困難

● 血栓造成之疼痛與後肢麻痺（肢體末端冰涼）

● 沒有精神

● 食慾不振、體重減輕

● 腹部膨脹（腹水、胸水）

◆ 主要原因

● 不明

● 營養不均衡之飲食（牛磺酸不足或欠缺）

◆ 飲食管理重點

與瓣膜性心臟病的飲食管理重點相同。由於缺乏維生素B群會讓食慾不振更為惡化，在使用利尿劑治療時要特別注意。

### 什麼是心因性惡病質

（cardiac cachexia）？

因心臟病惡化所引起的特殊體重減輕狀態。健康動物在變瘦的時候會先從脂肪開始減少，而心因性惡病質則是即使身軀肥胖但肌肉量也會減少，結果造成心臟的肌肉量也減少，且體力和免疫力低下導致生存率明顯下降。為了避免這種情形發生，在心臟病初期就必須開始進行適當的飲食管理。

*column*

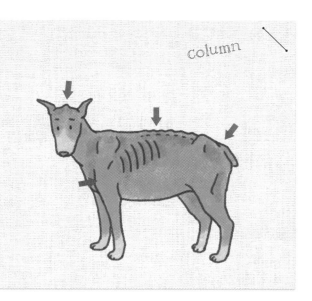

## ◆ 選擇處方食品的訣竅

與瓣膜性心臟病相同，除了要注意鈉含量之外，還要選擇富含牛磺酸、精胺酸等能強化心肌之營養素的處方食品。

| 目前之動物狀態 | 處方食品之選擇 |
|---|---|
| 限制鈉攝取量的必要性 | |
| 輕度 | 熟齡護理、關節護理（狗狗）、腎臟病護理、肝臟護理 |
| 中～重度 | 心臟護理 |

※ 腎臟病護理處方食品之各商品的鈉含量不盡相同，請在比較乾物量的鈉含量後選擇符合需求的商品。

## ◆ 餵食方法

與瓣膜性心臟病相同

## ◆ 注意事項

牛磺酸缺乏症除了心肌症之外也會增加視網膜疾病導致的失明風險。缺乏的原因可能是手作鮮食中未含有足夠的牛磺酸，或是營養成分比例不適合作為主食的貓咪專用寵物食品所導致。

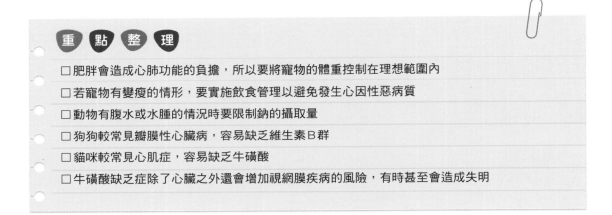

**重 點 整 理**

□ 肥胖會造成心肺功能的負擔，所以要將寵物的體重控制在理想範圍內
□ 若寵物有變瘦的情形，要實施飲食管理以避免發生心因性惡病質
□ 動物有腹水或水腫的情況時要限制鈉的攝取量
□ 狗狗較常見瓣膜性心臟病，容易缺乏維生素B群
□ 貓咪較常見心肌症，容易缺乏牛磺酸
□ 牛磺酸缺乏症除了心臟之外還會增加視網膜疾病的風險，有時甚至會造成失明

# 腫瘤

## ↘ 癌症（惡性腫瘤）

體內異常的細胞（新生）不受身體的調控系統所控制而失控增生的疾病。增生的團塊稱為「腫瘤」（贅生物），分為良性腫瘤與惡性腫瘤，其中惡性腫瘤又稱為癌症。

## ◆ 主要症狀

● 異常腫脹（長時間，或者是會長大）
● 無法治癒的潰瘍
● 體重減輕
● 食慾不振
● 容易疲倦、沒有精神
● 呼吸困難、排尿困難、排便困難
● 出血、分泌物

## ◆ 主要原因

● 不明（高齡、肥胖的狗狗或貓咪較常發生）

## ◆ 飲食管理重點

飲食在動物接受化學治療、放射線治療、

外科手術等各種不同癌症治療的期間，負責非常重要的支持作用。另一方面，由於每一隻動物的癌症病況與治療方法大不相同，在飲食管理上也必須因應每隻個體的狀況，不恰當的飲食管理會造成「癌症惡病質」，將不利於治療的進行及預後的復原。因此在癌症的飲食管理上，為了避免癌症惡病質的發生，有下列幾點需要注意：

◎ **預防體重減輕（脂肪或骨骼肌的減少）**

由於癌細胞會利用葡萄糖及蛋白質來為養分來增殖，因此飲食中的營養成分有時必須為高蛋白質（總能量的30～50%）、高脂肪（50～60%）及低碳水化合物（10～15%）。

◎ **維持全身狀態**

● 供應充分的能量

● 精胺酸、麩醯胺酸

　能強化免疫功能、減緩腫瘤繁殖速度

● omega-3 脂肪酸

　具有減輕治療伴隨的副作用、妨礙腫瘤細胞生長、預防惡病質及防止復發等功能

● 抗氧化物質（$\beta$-胡蘿蔔素、蘆丁、硒、維生素A、C、E）

　能減輕治療中伴隨的副作用、預防腫瘤及防止復發

◆ **選擇處方食品的訣竅**

　選擇配方為高蛋白質、高脂肪及低碳水化合物的處方食品，並供應充分的能量以防止體重減輕。

| 目前之動物狀態 | 處方食品之選擇 |
|---|---|
| 癌症 | 營養補給、癌症專用（狗狗）、發育期專用 |

※ 現實中有時會有動物不願意吃，或因為飲食過度營養而導致消化不良，讓病況更加惡化的情況。因此這個時候也可選擇消化系統護理等處方食品，以動物願意吃為優先選項，才能藉由飲食供應充足的能量。

◆ **餵食方法**

● 以 RER×1.0～1.5 為標準設定 DER，在不會引起嘔吐、下痢及體重減輕的情況下決定餵食次數。

● 利用親手餵食、加入溫水等方式吸引動物願意把食物吃下去。

● 如有無法經口進食的情況，則以管灌飲食法餵食。

◆ **注意事項**

● 餵食過量可能會造成動物出現噁心、嘔吐、下痢等症狀，因此餵食時須特別注意。

● 在化學治療或放射線治療期間，若給予大量添加抗氧化成分的食物（癌症專用處方食品）或營養保健食品，可能會與治療效果產生拮抗作用，因此不可餵食。

## ↘ 恢復期的飲食管理

　配合動物不同的潛在性疾病選擇不同的處方食品，透過營養均衡的飲食來供應充足的能量與蛋白質才能促進組織修復，協助動物恢復健康。

## 維持能量需求量（MER）之設定參考標準

| 外科手術 | MER（kcal／日）＝ 1.1－1.3×70（體重公斤數）$^{0.75}$ |
|---|---|
| 外傷 | MER（kcal／日）＝ 1.3－1.4×70（體重公斤數）$^{0.75}$ |
| 全身或頭部外傷 | MER（kcal／日）＝ 1.5－2.3×70（體重公斤數）$^{0.75}$ |
| 敗血症 | MER（kcal／日）＝ 1.8－2.0×70（體重公斤數）$^{0.75}$ |
| 燒傷（全身的40%以下） | MER（kcal／日）＝ 1.2－1.8×70（體重公斤數）$^{0.75}$ |
| 燒傷（全身的40%以上） | MER（kcal／日）＝ 1.8－2.0×70（體重公斤數）$^{0.75}$ |
| 骨折（長骨或多處骨折） | MER（kcal／日）＝ 1.2－1.3×70（體重公斤數）$^{0.75}$ |
| 感染症（輕度～中度） | MER（kcal／日）＝ 1.1－1.4×70（體重公斤數）$^{0.75}$ |
| 感染症（重度） | MER（kcal／日）＝ 1.5－1.7×70（體重公斤數）$^{0.75}$ |

- □ 癌症的飲食管理，一般會採用低碳水化合物、高蛋白質、高脂肪的高熱量飲食
- □ 單醣會促進癌細胞的增殖
- □ 精胺酸及麩醯胺酸能降低腫瘤細胞的增殖及強化免疫力
- □ 動物無法經口進食的時候應以管灌飲食法供應營養
- □ 供應充分的能量能避免癌症惡病質的發生
- □ 化學治療或放射線治療期間應避免含有高濃度抗氧化成分的處方食品
- □ 要轉換成高脂肪飲食時，應以較長的時間進行轉換以避免發生下痢
- □ 在考量組織修復及投藥效果的情況下，供應充分的營養與能量能促進身體復元

# 關節疾病

## ↘ 肘關節、髖關節發育不全、關節炎

發生在連接骨頭與骨頭之間可動關節的疾病，可大致分為發育期間發育障礙造成的肘關節或髖關節的發育不全，以及外傷或疾病所造成的關節炎。

### ◆ 主要症狀
- 無法順利做出日常動作（散步、爬起來、上下樓梯或椅子等）
- 一直抬著腳
- 走路姿勢異常
- 跛腳

### ◆ 主要原因
- 遺傳因素（好發犬種：紐芬蘭犬、羅威那犬、伯恩山犬等）
- 大型犬、超大型犬發育期間不當的飲食管理
- 礦物質（鈣質、磷）、維生素（維生素A、維生素D）的缺乏或過量
- 肥胖
- 運動不足（或運動過量）
- 年齡增長

### ◆ 飲食管理重點
為了讓骨骼能正常發育及進行健康管理，有下列幾點需要注意：

### ◎ 促進骨骼正常發育及生長（尤其是大型犬及超大型犬之幼犬）
- 發育期間適當的飲食管理
  由於大型犬或超大型犬的發育期比小型犬或中型犬還要長，發育過快會造成肥胖及骨骼發育異常。因此在發育期間應選擇營養濃度及配方適合大型犬種的發育期專用飼料。
- 避免攝取過量的鈣質、磷、維生素A及維生素D
  優質的發育期專用飼料中已經添加有充足的此類營養素，因此無須再額外餵食相關的營養保健食品或富含此類營養素的零食或食物。這一

點在發育期以外的期間也是一樣的。

### ◎ 維持在理想的體重及體態

維持理想體重可減少關節的負擔，且多餘的脂肪會產生發炎物質讓關節炎更加惡化。除了餵食量應適量之外，也可給予左旋肉鹼促進脂肪代謝。

### ◎ 遲緩關節炎的惡化

葡萄糖胺及硫酸軟骨素無法預防關節炎或改善症狀，但能有助於減緩惡化的速度。

### ◎ 減輕發炎反應

魚油或綠貽貝含有豐富的omega-3脂肪酸，能減輕發炎反應，維持關節的健康。

### ◎ 強化免疫力

維生素E、維生素C及蘆丁等抗氧化成分能維持正常的免疫力。

### ◆ 選擇處方食品的訣竅

以將體重控制在理想範圍為優先，之後則選擇含有能強化關節之營養素的發育期專用綜合營養食品或處方食品。

| 目前之動物狀態 | 處方食品之選擇 |
|---|---|
| 發育期 | 適合狗狗體型大小的發育期專用飼料 |
| 關節炎（肥胖） | 健康減重 |
| 關節炎（體重正常） | 體重管理、關節護理、心臟病護理（初期） |

### ◆ 餵食方法

● 依照一般之餵食法（例如一日兩餐）

● 餵食方法配合其他疾病進行調整

> 範例　使用關節護理處方食品但也希望能控制體重

以 DER ＝ RER×1.2 的餵食量，一天餵食三餐。

（最好將乾飼料加水泡軟。雖然一般在幫動物減重的時候會將DER ＝ RER，但因為關節護理類型的處方食品所含的蛋白質含量較低，為了避免有蛋白質不足的情形，所以才將係數設定為1.2）

### ◆ 注意事項

為了減輕關節的負擔，除了維持理想體重之外，維持肌肉量也是非常重要的一環。配合動物的病況進行復健運動有助於減輕關節的疼痛。

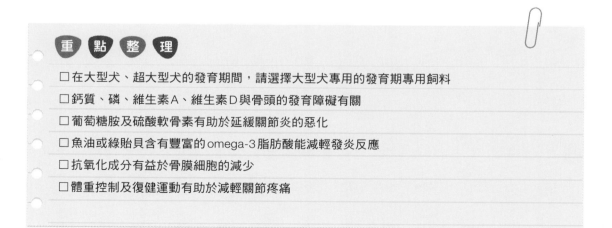

### 重 點 整 理

□ 在大型犬、超大型犬的發育期間，請選擇大型犬專用的發育期專用飼料

□ 鈣質、磷、維生素A、維生素D與骨頭的發育障礙有關

□ 葡萄糖胺及硫酸軟骨素有助於延緩關節炎的惡化

□ 魚油或綠貽貝含有豐富的omega-3脂肪酸能減輕發炎反應

□ 抗氧化成分有益於骨膜細胞的減少

□ 體重控制及復健運動有助於減輕關節疼痛

測試看看自己學會了沒！

**第3章** 練習問題

※解答及解說在 P 136～

**1** 有關目前體重6公斤（理想體重為4.5公斤）之狗狗的減重計畫，請回答下列問題。

① 若以一星期時間減輕目前體重的1.5%為目標，請計算這一星期的減重量。

算式 ＿＿＿＿＿＿＿＿＿＿＿＿＿＿＿＿＿＿＿＿ 答案 ＿＿＿＿＿＿＿＿＿＿＿＿

② 若減重計畫順利進行，那需要花多久的時間來達成減重目標？

算式 ＿＿＿＿＿＿＿＿＿＿＿＿＿＿＿＿＿＿＿＿ 答案 ＿＿＿＿＿＿＿＿＿＿＿＿

③ 若使用 ME＝295 kcal 的減重專用處方食品，請計算出每天的餵食量為多少？

算式 ＿＿＿＿＿＿＿＿＿＿＿＿＿＿＿＿＿＿＿＿ 答案 ＿＿＿＿＿＿＿＿＿＿＿＿

**2** 請計算出目前體重16.5公斤、肥胖程度被診斷為BCS5（b）的狗狗其理想體重為多少？
（計算到小數點第二位後四捨五入）

算式 ＿＿＿＿＿＿＿＿＿＿＿ ＿＿＿＿＿＿＿＿＿ 答案 ＿＿＿＿＿＿＿＿＿＿＿＿

**3** 有關罹患巨食道症之動物其術後的飲食管理，請回答下列問題。

① 該動物之體重目前仍維持在理想範圍，該選擇何種飲食？
    a  高營養濃度之溼食
    b  將術前原本就在吃的乾飼料加水泡軟
    c  高纖維之乾飼料

② 選出兩種正確的餵食方式
    站姿    平常的姿勢    一日兩餐    一日三～四餐    一日五～六餐

**4** 在消化系統疾病中一般會使用的高消化性蛋白質來源及碳水化合物來源為何？請各自圈出。

碳水化合物來源 ：  糙米    馬鈴薯    白米    地瓜    玉米
蛋白質來源    ：  牛肉    豬肉    雞肉    羊肉    鮭魚

**5** 為了增加嗜口性而在飼料中加入溫水泡軟，卻反而會得到反效果的疾病是下列何種疾病？

胃腸炎　　胰臟炎　　關節炎　　腎臟病　　心臟病

**6** 胰臟炎痊癒後的貓咪，在選擇飲食時應該要選擇下列哪一種？

a　之前從未吃過的貓食

b　與住院前相同的貓食

c　低脂肪的消化系統護理處方食品

**7** 小腸發炎比大腸發炎對動物會造成更大的影響，請回答其理由。

---

**8** 關於貓咪的脂肪肝，請選出營養管理上要注意的重點。

a　高蛋白質、高脂肪、高熱量的飲食

b　高蛋白質、低脂肪、低熱量的飲食

c　禁食

**9** 針對住院中的肝病動物，請選出正確的餵食方法。

a　以RER×1.4一天餵食兩餐

b　以RER一天餵食四餐

c　以RER進行管灌飲食法

**10** 在控制血糖值方面，請選出膳食纖維的正確功能。

a　膳食纖維能遲緩葡萄糖的吸收

b　膳食纖維能刺激胰島素的分泌

c　膳食纖維能吸附葡萄糖，增加糞便中的排泄量

**11** 會造成食物過敏的營養素為下列何者？

蛋白質　　碳水化合物　　脂肪

**12** 在懷疑狗狗可能有食物過敏的時候，為了確認是否真的有食物過敏，應選擇下列哪種食物？

a　沒有使用豬肉、牛肉、小麥、玉米的綜合營養食品

b　使用新型蛋白質的處方食品

c　使用水解蛋白質的處方食品

**13** 在對罹患心臟病的動物給藥時，可利用下列哪種食材？

起司　　水煮雞肉　　香腸

**14** 請將下列疾病與需要限制的營養素以線條相連。

| | |
|---|---|
| 腎臟病 · | · 脂肪 |
| 肥胖 · | · 鈣質 |
| 癌症 · | · 鈉 |
| 心臟病 · | · 磷 |
| 磷酸銨鎂結石 · | · 鎂 |
| 草酸鈣結石 · | · 膳食纖維 |
| 消瘦 · | · 單醣 |

**15** 請將下列疾病與好發犬種以線條相連。

| | |
|---|---|
| 高血脂症 · | · 西伯利亞哈士奇犬 |
| 尿酸結石 · | · 查理士王小獵犬 |
| 銅蓄積性肝炎 · | · 迷你雪納瑞犬 |
| 心臟病 · | · 大麥町犬 |
| 胃擴張、胃扭轉症候群 · | · 標準貴賓犬 |
| 鋅缺乏性皮膚炎 · | · 貝林登㹴 |

**16** 能透過飲食來溶解的泌尿道結石為下列哪一種？

草酸鈣結石　　尿酸結石　　磷酸銨鎂結石

**17** 體重 7 公斤患有腎臟病的狗狗，餵食 ME ＝ 400 大卡／100 公克、蛋白質含量為 3.4 公克／100 大卡的腎臟病護理處方食品，飼主判斷每天的餵食量為 75 公克。請根據此假設回答下列問題。

① 餵食該處方食品 75 公克等於提供多少熱量？

算式 _____　　答案 _____

② 在 ① 所提供的熱量中，蛋白質佔了多少公克？

算式 _____　　答案 _____

③ 算出食物中所含的蛋白質含量後，是否有滿足該動物的最低需求量？

算式 _____ 答案 _____

④ 若要從飲食中攝取到每公斤體重2.5公克的蛋白質，一天的餵食量必須為幾公克？（計算至小數點第一位後四捨五入）

算式 _____ 答案 _____

**18** 體重4公斤患有腎臟病的貓咪，以2公斤400元的處方食品每天餵食60公克時，每天所花費的成本為多少？

算式 _____ 答案 _____

**19** 體重4公斤的貓咪，經獸醫師指示以係數1.0的DER餵食ME＝115大卡／100公克的腎臟病護理處方罐頭一個星期，請根據此假設回答下列問題。

① 請計算每天的餵食量。

算式 _____ 答案 _____

② 餵食的罐頭每罐為120公克，飼主應備好多少罐罐頭才夠用？

算式 _____ 答案 _____

**20** 體重4.2公斤，因為骨折進行外科手術並住院的狗狗，其DER應為多少？

算式 _____ 答案 _____

**21** 請回答兩項以支持關節功能為目的的處方食品中會添加的成分。

_____  _____

**1**

① 算式：**6000×0.015＝90公克**　　　　答案：**90公克／星期**

② 算式：**（6000–4500）÷90≒16.7**　　答案：**約十七個星期**

③ 算式：**70（4.5）$^{0.75}$÷295×100＝72.0**　答案：**每天72公克**

解說

① 只要理解6公斤＝6000公克、1.5％＝0.015之後就能簡單地計算出來。也可以用6公斤
　×0.015×1000計算出來。

② 減重所需期間的計算方式，以「（目前體重－理想體重）÷一星期的減重重量」即可計算出來。

③ 由於每星期要減重90公克，所以所有單位也要換算成公克來計算。跟飼主說明時若講十七個星
　期大多數人可能會聽不太懂，最好告訴他們約需四個月～四個半月的時間。

**2**

算式：**16.5×（100％－40％）÷0.8＝16.5×0.6÷0.8≒12.375**　　答案：**12.4公斤**

解說　理想體重的計算公式為（目前體重）×（100％－目前的體脂肪率）÷0.8，再代入相關的數
字即可計算出來。計算出來的數值也僅是參考標準，還需考量骨骼與肌肉等體型的因素。

**3**

① **b**

解說　雖然讓食物容易通過食道為飲食管理上的重點，但若是體重仍維持在正常範圍，則無須特別
去選擇高營養的飲食。而高纖維的飲食則有堵塞在食道的風險因此不可使用。因此請選擇術前相同
的食物，加水泡成容易通過食道的黏稠度後餵食。

② **站姿、一天五～六餐**

解說　為了將食物從食道順利運送到胃部，應讓動物採取站姿且以少量多餐的方式餵食，並在飯後
維持20～30分鐘同樣的姿勢。

**4**

碳水化合物來源：**白米**　　蛋白質來源：**雞肉**

解說　碳水化合物來源中膳食纖維的含量是攸關消化性的關鍵。纖維量愈多滯留在胃部內的時間就
愈長，因此答案應該為纖維含量最少的白米。蛋白質來源中的脂肪含量也很重要，因此在沒有食物
不良反應的情況下，一般消化系統的疾病都會選擇雞肉作為蛋白質的來源。

**5** **胰臟炎**

解説 將食物加熱到人體肌膚溫度的程度可以增加食物的嗜口性，但對胰臟炎的病患來說，食物的氣味會刺激胰液分泌，反而會造成引發嘔吐的反效果。除此之外，根據病況的不同（例如肝病），有時候食物氣味也會造成食慾不振的情形，因此要視每個個案來決定餵食方法。

**6** **a**

解説 在不會被食物誘發嘔吐的情況下讓貓咪能夠恢復經口進食是很重要的照護工作。由於嗜口性高的食物其氣味可能會誘發嘔吐，而零食也無法確保能提供必需的營養與能量。和住院前相同的食物很可能會讓貓咪產生會引發嘔吐等症狀的負面連結，所以要避免使用。而雖然也可以選擇消化系統護理處方食品，但貓咪專用的和狗狗專用的不同，並非低脂肪，所以可利用選項a的「之前從未吃過的貓食」，嘗試看看是否能在不誘發嘔吐的情況下讓貓咪恢復經口進食。

**7** **因為小腸是負責吸收營養的主要器官**

解説 小腸的主要功能是吸收營養，大腸則是水分的再吸收與形成糞便。一旦飲食中的營養無法被充分地消化與吸收，就無法供應全身足夠的營養與能量。而且未消化物增加也會讓腸內環境更為惡化，波及到腸道免疫功能。

**8** **a**

解説 貓咪的肝臟代謝十分活躍，因此不吃飯會讓脂肪肝容易發病。而利用高蛋白質、高脂肪、低碳水化合物的飲食，能迅速供應足夠的營養與能量。

**9** **b**

解説 患有肝病的動物，由於肝臟會變得無法貯存足夠的能量，因此少量多餐的方式更能供應足夠的營養與能量。用餐間隔時間固定可以防止因能量不足而發生的糖質新生作用。

**10** **a**

解説 目前已知在狗狗的糖尿病中，含有豐富不溶性膳食纖維的飲食能有助於控制血糖值，但在貓咪的糖尿病中則沒有證據證明膳食纖維的效果。

**11** **蛋白質**

解説 食物過敏的過敏原為蛋白質。不只是肉、魚、蛋、乳製品中含有蛋白質，穀類和豆類中也含有，因此除了要注意飲食中的蛋白質來源之外，也要注意碳水化合物來源。

**12** **c**

解説 只是「懷疑可能有食物過敏」就表示並不能確定何者是過敏原，因此選項a中所列的常見過敏原及選項b不使用這些食材的處方食品仍然有可能引起食物過敏反應。合理的選項應該是c使用水解蛋白質的處方食品，其中的蛋白質已被水解為不引起過敏反應的小分子。

**13** 水煮雞肉

解説 針對患有心臟病的動物，即使利用處方食品限制了鈉的攝取量，但若有餵零食或是用鈉含量高的食物去包藥就沒有意義了，而起司或香腸都是鈉含量很高的食物。水煮雞胸肉或雞里肌肉的嗜口性很高且鈉含量低，可利用少量來進行餵藥。若將藥物與正餐混在一起，有些小型犬可能會把藥吐出來或是變得整頓飯都不願意吃，因此餵藥與餵飯最好要分開進行。

**14**

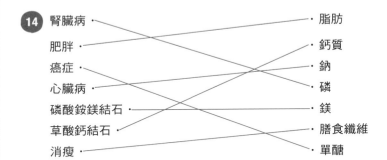

腎臟病
肥胖
癌症
心臟病
磷酸銨鎂結石
草酸鈣結石
消瘦

脂肪
鈣質
鈉
磷
鎂
膳食纖維
單醣

解説 如果沒有掌握住各疾病應該限制攝取的營養素，可能會讓病況更加惡化。請再度確認限制攝取的理由，在提供處方食品的建議給飼主時才能確實說明清楚。

**15**

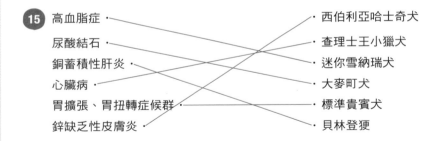

高血脂症
尿酸結石
銅蓄積性肝炎
心臟病
胃擴張、胃扭轉症候群
鋅缺乏性皮膚炎

西伯利亞哈士奇犬
查理士王小獵犬
迷你雪納瑞犬
大麥町犬
標準貴賓犬
貝林登㹴

解説 雖然這些犬種並非一定會有發病的情形，但事先理解牠們容易罹患的疾病，就可以提醒飼主在選擇食物及決定餵食方法時要特別注意，有助於預防疾病的發生。貓咪的貓種與疾病之間雖然不像狗狗一樣有特別的關聯性，但不論是哪種疾病都與肥胖有高度相關，所以將牠們的體重控制在理想範圍比什麼都重要。

**16** 磷酸銨鎂結石

解説 草酸鈣結石與尿酸結石都無法透過飲食將結石溶解，但磷酸銨鎂結石是可以藉由能將尿液酸化的飲食溶解的。由於長期餵食這一類的飲食可能會造成草酸鈣的結晶產生，因此也必須隨時觀察動物的反應。

**17** ① 算式：**400×0.75＝300大卡**　　　　　　　　　　　答案：**300大卡**

解説　由於100公克有400大卡，用400÷100就能算出每一公克的熱量，然後再乘以餵食量即可計算出答案，不過只要注意到75公克等於100公克的75%的話，就可以用400大卡×0.75計算出來了。

② 算式：**3.4×300÷100＝10.2公克**　　　　　　　　答案：**10.2公克**

解説　100大卡中含有3.4公克的蛋白質，而①計算出來的DER為300大卡，所以是3.4公克的三倍，含有10.2大卡的蛋白質。

③ 算式：**10.2÷7＝1.46**　　　　　　　　　　　　　答案：**未滿足**

解説　飲食中的蛋白質含量不可低於2.1公克/每公斤體重，因此這樣的餵食量會因為蛋白質不足而造成身體的蛋白質分解，有加速腎臟病惡化的危險。

④ 算式：**2.5×7＝17.5公克**

　　　　**17.5÷3.4×100＝514大卡**

　　　　**514÷400×100＝128.5公克**　　　　　　　答案：**129公克**

解説　每一公斤體重需要2.5公克的蛋白質，因此7公斤就等於需要2.5×7＝17.5公克。接下來該食品為每100大卡中含有3.4公克的蛋白質，所以要攝取到17.5公克的蛋白質就必須要攝取到17.5÷3.4×100＝514大卡。餵食量的計算方法為DER÷ME×100，所以514÷400×100＝128.5公克，四捨五入後答案為129公克。

**18** 算式：**400÷2000×60＝12**　　　　　　　　　　答案：**12元/天**

解説　作為主食的寵物食品，其每天花費的成本可用「價格÷淨重（公克）×一天的餵食量」來計算。雖然處方食品有給人比較貴的感覺，但其實算下來每天所花費的成本與其他商品比起來幾乎是差不多的。在推薦處方食品給飼主時，不要只告知一袋的價錢，還可說明每天所花費的成本。

**19** ①算式：**70（4）$^{0.75}$÷115×100＝172.2公克**　　　答案：**172公克/天**

解説　由於係數為1.0，所以DER＝RER。以餵食量的計算方法DER÷ME×100就可求得答案。

②算式：**172×7÷120＝10.0**　　　　　　　　　　答案：**10罐**

解説　每天餵食172公克的罐頭共餵食七天，所以需要172公克×7天份，每罐罐頭淨重120公克，所以再除以120即可得出一星期所需要的罐頭數量。

**20** 算式：**70（4.2）$^{0.75}$×1.2＝246.4大卡**　　　　　答案：**246大卡**

解説　一般來說住院中的動物所需的DER＝RER。骨折的情況下為了修復身體組織需要有更多的能量，所以以係數1.2～1.3來計算。不過如果有出現軟便的情形時需要減少餵食量，而如果有體重減輕的情況時則增加10%的餵食量。

**21** **葡萄糖胺、硫酸軟骨素**

解説　葡萄糖胺及硫酸軟骨素的功能比起預防或改善關節疾病，其更有效的是減緩關節疾病的惡化速度。

國家圖書館出版品預行編目資料

貓狗營養學／奈良渚作；高慧芳譯. -- 初版. -- 臺中
市：晨星，2019.03
　　面；　公分. --（寵物館；76）

譯自：犬と猫の栄養学

ISBN 978-986-443-527-2（平裝）

　1.貓　2.犬　3.寵物飼養　4.健康飲食

437.364　　　　　　　　　　　　　107017153

掃瞄 QRcode，
填寫線上回函！

寵物館76
# 貓狗營養學

| | |
|---|---|
| 作者 | 奈良渚 |
| 譯者 | 高慧芳 |
| 編輯 | 邱韻臻 |
| 排版 | 黃偵瑜 |
| 封面設計 | Betty Cheng |
| 插畫 | Tomoko Yogi |
| 內文設計 | merusing |
| 創辦人 | 陳銘民 |
| 發行所 | 晨星出版有限公司<br>407台中市西屯區工業30路1號1樓<br>TEL：04-23595820　FAX：04-23550581<br>行政院新聞局局版台業字第2500號 |
| 法律顧問 | 陳思成律師 |
| 初版 | 西元 2019 年 03 月 25 日<br>西元 2019 年 07 月 25 日（二刷） |
| 總經銷 | 知己圖書股份有限公司<br>106 台北市大安區辛亥路一段 30 號 9 樓<br>TEL：02-23672044 / 23672047　FAX：02-23635741<br>407 台中市西屯區工業 30 路 1 號 1 樓<br>TEL：04-23595819　FAX：04-23595493<br>E-mail：service@morningstar.com.tw |
| 網路書店 | http://www.morningstar.com.tw |
| 讀者服務專線 | 04-23595819#230 |
| 郵政劃撥 | 15060393（知己圖書股份有限公司） |
| 印刷 | 上好印刷股份有限公司 |

定價 380元

ISBN 978-986-443-527-2

INU TO NEKO NO EIYOUGAKU
© NAGISA NARA 2016
Originally published in Japan in 2016 by Midori Shobo Co.,Ltd.,
Traditional Chinese translation rights arranged with Midori Shobo Co.,Ltd.,
through TOHAN CORPORATION, and Future View Technology Ltd.